大英儿童漫画百科

美国大英百科全书公司　波波讲故事／编著

刘永升／绘　俞　治／译

U0305745

湖南少年儿童出版社
HUNAN JUVENILE & CHILDREN'S PUBLISHING HOUSE

ENCYCLOPÆDIA
Britannica®

《大英儿童漫画百科》是根据美国芝加哥大英百科全书公司出版的《大英百科全书(儿童版)》改编而成，为中小学生量身打造的趣味百科全书。

10大知识领域

本丛书以美国芝加哥大学的学者和大英百科全书编辑部共同编撰出版的《大英百科全书》为参照，分为以下10个知识领域：

■	物质和能量（全5册）	构成世界的物质及能量的相关知识
■	地球和生命（全15册）	地球本身及地球生物的相关知识
■	人体和人生（全5册）	人的身体、心理和行为的相关知识
■	社会和文化（全5册）	人类形成的社会和文化的相关知识
■	地理（全5册）	世界各国的历史和文化的相关知识
■	艺术（全2册）	文学、美术、音乐等各种艺术及艺术家的相关知识
■	技术（全5册）	创造当今文明的各种技术的相关知识
■	宗教（全2册）	影响人类历史和文化的宗教的相关知识
■	历史（全3册）	历史事件及历史人物的相关知识
■	知识的世界（全3册）	人类积累的知识体系及各个学科的相关知识

活学活用《大英儿童漫画百科》的"三步法"

第一步 01

查看图书扉页前的信息图，了解学习内容的核心知识点。

第二步 02

阅读有趣的漫画内容，并认真学习知识点，理解学习内容。

第三步 03

查阅附录收录的《大英百科全书》中的相关条目，接触更深的知识点，深化理解所学内容。

写给家长和孩子的话

现代社会是一个信息化社会。以前我们获得知识的途径非常有限，而现在身处发达的信息化社会，只需要鼠标轻轻一点，就能够获取成千上万的知识。然而从这些知识当中，寻找真正有用的知识却变得越来越难。

《大英百科全书》，被认为是当今世界上最知名也是最权威的百科全书。它将构成人类世界的所有知识分成了10个知识领域。该书囊括了对人类知识各重要学科的详尽介绍和对历史及当代重要人物、事件的翔实叙述，其学术性和权威性为世人所公认。

本丛书是以美国芝加哥大英百科全书公司出版的《大英百科全书（儿童版）》为基础，综合中小学阶段的教学内容而精心打造的趣味百科全书。此外，图书扉页前的信息图，在视觉上直观地展现了本书的核心知识内容，摆脱了以往枯燥的文字说明，有助于孩子理解和记忆。同时，书中还附有各种知识总结页，涵盖了自然科学和社会科学的各种知识体系，有助于培养孩子的创造性思维方式，将所学的知识，融会贯通。当今社会的学习，不再是简单地注入大量的知识，而是体验一种过程——获取新知识，然后将其消化吸收并举一反三收获新知识的过程。衷心地希望《大英儿童漫画百科》丛书不仅能够帮助孩子积累知识，而且还能引领孩子从中寻找到知识的趣味，感受到获得新知识时的喜悦，从而进入一个真正的学习世界。

韩国初等教育科学学会

同万物生灵共享地球家园

地球，茫茫宇宙中一颗充满活力的蓝色星球，神奇而美丽。这里有奔腾不息的河流、起伏连绵的山脉、浩瀚无际的海洋……绝对让你眼花缭乱。在地球的每一个角落，从青翠欲滴的森林到荒无人烟的沙漠，从绚丽多彩的珊瑚礁到白雪皑皑的冰山……到处都有动物和植物的身影，种类多得让你难以置信。

地球生物的多样性让科学家们也惊叹不已。尽管我们已经了解大多数鸟类、哺乳动物、两栖动物和鱼类，但我们只窥见了大自然神秘的一角，还有许许多多的生物等着我们去发现。

然而，在人类改造世界的进程中，令人忧心的事实发生了——自然王国里各种生物的生存处境变得日趋艰难，几乎每一天，在地球的某个地区就有一种生物面临灭顶之灾。气候变化和人类活动导致湿地消失，众多水生生物和鸟类失去了它们赖以生存的居所；热带雨林，地球最宝贵的"救生圈"，数百万种动物共同分享的乐土，如今却受到人类的贪婪攻击；日益增长的生活垃圾、肆意排放的污水和化学物质流入河流和大海，海洋生物种群们徘徊在灭绝的边缘；甚至在被称为地球上最后"净土"的南极和北极，因为温室效应、矿产资源的勘测以及海洋污染等，海豹、企鹅、北极熊等极地生物的栖息地越来越小，它们的生存面临新的威胁。

在生态系统中，物种之间是怎样相互影响的？生物在自然界里起着怎样的作用？对人类又会有什么价值和意义？为什么生物会灭绝？又有哪些方法可以拯救濒危动物、保护我们赖以生存的环境？……在这套书的《神秘极地大冒险》《萌宠乐园奇遇记》《环保超人奇妙之旅》里，我们可以找到许多的答案以及行动的标杆——如何节制、智慧地同万物生灵共享地球家园。

张智勇　中国科学院高能物理研究所研究员
　　　　博士生导师

发现《大英儿童漫画百科》这套书，我有些难以抑制的兴奋，好像找到了一个法宝——将系统、基础的百科知识以一种最贴近儿童思维和心灵的方式呈现出来。

作为经典，《大英儿童百科全书》不知伴随了多少代人的成长。市面上的儿童科普读物林林总总，有ների易读的有很多，但作为一名基础科学教育工作者，眼光总是挑剔了许多，最终还是会倾向知识更为系统全面、最贴近科学本真的读物，而且也期待这种读物会以一种更贴近儿童世界的面貌出现。

这套漫画版百科的问世，无疑让人的心亮了。10大知识领域以"主题漫画"的方式铺展开，为孩子创造了一个个故事新奇又颇具探险精神的科学情境，所有知识就在一幅幅生动有趣的连环漫画中立体鲜活起来。同时，书中大量的信息图和附录相关条目又还原了科普知识的原汁原味，方便孩子巩固、深化所学。

从这套书里我看到了"尊重"，既尊重了科普知识的系统性，又尊重了儿童的思维和心灵。这里面有童趣、探险、幽默、创意，更有实事求是的科学态度。

中国人民大学附属小学科学老师　张　驰

《大英儿童漫画百科》系列图书，一旦翻开，就让你有一种停不下来的感觉，我超喜欢看。以前我看漫画书，妈妈总说我，现在可不了，我看的可是科学漫画书，书中既有漫画带来的快乐，又有漫画故事中讲述的百科知识。

书中主人公罗云毛手毛脚、爱好美食，但对未知的事物有着强烈的探索心。他和美琪一起穿越星际，飞入昆虫世界……一个个惊险刺激的故事不仅让我一同感受了曲折冒险经历的紧张，还告诉了我相关学科的知识，一步步揭开了我心中的谜团，让我知道了太阳系是怎样形成的，光是如何产生五彩光芒的，蝉是如何发声的等等。

凯勒说："一本书就像一艘船，带领我们从狭隘的地方，驶向无限广阔的生活海洋。"《大英儿童漫画百科》就像一艘艘轮船，带着我驶向无垠的知识海洋！

长沙市四方坪小学六年级学生　唐钟誉

目录

人物介绍　1

会说话的狗，巧克力　2

01 人类的朋友，狗

狗身上的秘密　8
狗的训练方法 / 救了主人的獒树里狗
属于犬科的动物们
狼的特征 / 狗的习性
狗的体温调节 / 狗的叫声和身体语言

无处躲藏的气味　20
狗的嗅觉 / 狗的听觉
狂犬病 / 各种各样的狗的疾病

神圣的使命　30
对待导盲犬的礼仪
警犬中最具代表性的品种 / 活跃在灾难现场的搜救犬
助听犬 / 狗的品种

02 高傲的动物，猫

猫身上的秘密　44
猫科动物 / 猫的舌头
猫的习性 / 猫的排便
猫的尾巴语言 / 猫的叫声和表情语言
猫的生活

天生的猎人 56
猫的听觉 / 猫的视觉 / 猫的嗅觉
猫的平衡感 / 猫的胡须仿真传感器

挑食的猫公主 66
猫的种类
猫不能吃的食物
得病的信号

03 | 萌宠乐园大联欢

胖嘟嘟的小可爱，兔子 76
兔子的种类 / 兔子的身体和繁殖
饲养兔子时的注意事项 / 多种多样的兔子

原地打转的主人，仓鼠 84
仓鼠的种类 / 仓鼠和老鼠有何不同呢？
抚触 / 装扮仓鼠的小窝 / 仓鼠有趣的习性

爬来爬去的小家伙们，爬行类动物 92
宠物爬行类动物的种类
饲养爬行类动物时用到的灯的种类
爬行类动物与沙门氏菌

高智商的鸟类，鹦鹉 100
宠物鸟与自然界的鸟
鹦鹉的身体与饲养方法

农场三剑客　108

家畜的历史 / 牛的用途 / 牛的品种
家猪与野猪 / 成为家禽的鸡 / 公鸡与母鸡的差异

飞驰的马儿和倔强的驴　120

史前时代的洞穴壁画上呈现出马的样子
马的身体和品种 / 马的习性

世界各地的英雄　132

骆驼的种类 / 骆驼的用途
南美洲的家畜——美洲驼 / 美洲驼，羊驼，骆马的差异

04 ｜ 永远的朋友

我是友好"公民"　142

动物身份证 / 宠物狗外出礼仪

可怜的流浪者　146

处罚虐待动物行为的动物保护法

与宠物一起生活的方法　153

《大英百科全书》中的相关条目　156

罗云

　　内心十分热爱动物，然而并不知道如何与动物相处。因此即使他对陪伴犬巧克力倾注了满腔的心血，却仍然无法得到它的认同。遇到玉所长后，开始理解动物的内心，与巧克力也愈发亲近。

美琪

　　罗云的朋友，对动物充满了强烈好奇心的少女。最近家里养的仓鼠啾啾每天咬她的手指，令她十分苦恼。不过能够在家里养爬行类动物才是她的梦想。

玉所长

　　"人类与动物共存研究所"所长。她看似平凡，却能够通过胸口的玉珠子施展超能力。能够毫不费力地穿梭于时空隧道，有时能变身成为隐形人，和孩子们一起见识各种动物。

巧克力

　　罗云的宠物狗。由于受不了罗云表达善意的方式，经常和罗云闹小情绪。通过玉所长的帮助，获得了与罗云交流的绝好机会，因为它会说话了。

会说话的狗，巧克力

巧克力！

巧克力！

巧克力，你在哪儿呀？

巧克力！

每次散步都走丢，我都怀疑它是不是你的宠物了……

东张

西望

你说！你是不是对它太差了！

怎么可能！我对它可好了，而且给它取的名字都是我最爱吃的巧克力。

如果你真的对我好，那就应该站在我的立场上为我考虑吧！

欸！巧克力会说话……

你确定它是你家巧克力？

很想知道我为什么会开口说话吧，事情是这样的……

几个小时前

玉珠去哪儿了呢？

我刚刚在和一个闪闪发光的珠子玩耍的时候……

是珠子的主人吗？

我就把珠子还给它的主人。那个人说很感谢我，就用超能力赋予了我说话的能力，很酷吧！

哎呀，太感谢了！

居然有这种事……

我是不是在做梦！

4

你先别惊讶了，我要告诉你，和你一起散步真的很累，很累！

什么？！你说和我散步很累？

内心即将崩溃

我们狗不喜欢被人紧紧抱着，但是每次散步，你都紧紧地把我抱在怀里！

还有，这种碍手碍脚的衣服，我也不喜欢穿！我是实在忍受不了了才说这些的。

咚 咚

太过分了！这可是我省了3个月零花钱给你买的。

如果你们真心想要爱护动物，那么学习一些动物的知识是很有必要的。

嗯？去哪儿学？

跟我来！有人可以告诉你们如何爱护动物。

是谁呀？神神秘秘的。

我们先跟着去看看吧。

人类的朋友，狗

　　狗是人类最喜欢的宠物。狗也是人类最长久的朋友，一万多年前，狗和人类就在一起生活了。越是亲近的朋友，我们越应该互相了解。那么我们来学习一下和狗一起生活时必须了解的知识吧。

狗身上的秘密

人……人类与动物共存研究所？

这里一直都有这幢楼的吗？造型好独特。

不过我们是来见谁的呀？

好奇的话就跟着来吧。

哎呀

哇，好厉害！

就像来到了树林里呢！

你们好啊，孩子们！

霍地出现

唉

巧克力，是你啊，你好……

您好，玉所长。

我的小心脏啊！

扭来扭去

啊，您好。

您好。

这是和我一起生活的罗云，还有他的朋友美琪。

罗云虽然喜欢动物，但是不怎么了解如何与动物相处，所以跟他在一起心很累。

这……如果是这样的话，那我就得好好教教他了。

话说回来，你们俩穿的是情侣装吗？！

漂亮吧！

漂亮是漂亮，但是巧克力应该不会喜欢吧。

巧克力，是这样吗？

可不是吗？我最讨厌穿衣服了。

我以为穿上漂亮的衣服它会高兴，没想到它会那么讨厌。

嗯，所以必须对宠物狗有所了解才行。

如果要了解巧克力，我们应该先对狗的习性有全面的了解。

狗是哺乳类动物中存在时间最长的家畜，全世界现存的狗大约有 450 种。狗很听话，因此很多人喜欢饲养。

汪汪

但是狗具有遵守等级制度的习性，因此必须通过训练使狗服从命令。

▶ 狗的训练方法

狗严格遵守等级制度，如果狗认为对方比自己等级低，就不会听对方的话。因此，训练十分重要，应当从与宠物狗相识的第一天起就开始训练。

1 说出"坐下"的指令，往下轻轻按狗的屁股。狗在兴奋时，重复这一动作，以达到训练效果。

2 在狗咬住球后，从狗的口中拔出球再扔向狗，边扔边说出"拿过来"的指令。如果狗咬着球回来，就给狗喂食以示表扬。

3 说出"手"的指令，将狗的前腿放到手上。重复这一动作，使狗记住这一指令。

4 如果狗要动，就发出"等着"的指令，让狗无法动弹。通过训练，可以渐渐延长等待的时间。

对呀，在故事书里，像救了主人一命的狗，还有一直等待主人回来的狗，都出现过呢。

▶ 救了主人的獒树里狗

全罗北道任实郡獒树里村庄，流传着狗救人性命的故事。有一个在草地上沉睡着的人，纵然野火肆虐他都没醒过来，于是他身边的狗去江水中浸湿身体，在火上打滚。最终，野火被熄灭了，狗为了救主人，却牺牲了自己。

獒树里狗铜像

这是只属于狗的忠诚。

忠诚。

耸肩膀得意洋洋

狗如此忠诚地跟随人类的原因，可以从狗的祖先狼或豺的生活特性中得出。

▶ 属于犬科的动物们

犬科动物主要有狼、狐狸、美国豺、貉等，它们大部分实行群居。主要靠捕食其他动物为生，因此拥有发达的肺和强壮的后腿，使其能够帮助自身长时间奔跑。其嗅觉也十分发达。具有定点排泄的习性，这是用尿液的气味标明自己的领地。

狗　狼　狐狸　美国豺　貉

狼和豺都是群居生活，严格遵守等级制度。

群居生活的狼

根据双方交锋的结果，狼群会决定好等级，等级低的狼会追随领头狼。

是！

跟着我！

▶ 狼的特征

狼十分重视等级制度，群体集结生存的意识非常强烈。狗与狗之间的等级制度通常带有服从的意味，而狼与狼之间更倾向于协作的关系。

群居生活
会将脱离群体、独自生存的狼接纳为狼群中的一员。

表达语言
寻找猎物或感到危险来临时，狼会发出号叫，也可以通过表情或肢体语言进行对话。

共同抚养幼崽
对于在群体中成长的小狼，除了能得到父母的备至呵护，同样也会受到族群的其他成员的爱护。

分享食物
会将猎物先分给无法参与狩猎的幼崽或病狼。

狗延续了狼的这一习性，一旦人作为了群体的指挥者，就会服从于人。

不行，等着！

汪汪。

在没有训练好的状态下，狗保留着未被驯化的习性，极力想要成为头头，守护自己的领地。

咬牙切齿

因此，当同时有几条狗的情况下，必须在分出等级后才能和平相处。

我是第一名。

我倒数。

我是第二。

还有一部分狗仍旧保留着狼狩猎的习性，看到奔跑的物体就会本能地去追逐。

让我咬一口。

有病吧！

▶ 狗的习性

从古代狼化石中提取 DNA，与狗的 DNA 进行比对可以发现，狗与狼在遗传学上是从同一个物种分化而来的，因此两者具有相似的习性。

分出等级的习性
在狗的群体中，地位最高的"指挥者"是通过打架来选出的。

划分领地的习性
与狼一样，狗通过排泄物的气味来标明自己的领地。

追逐猎物的习性
狗依旧保有追逐猎物的习性。狗叼回扔出去的东西这一行动，也是由此而来。

如果狗很听训练的人的话，那么，巧克力应该……

嘿嘿

罗云，你搞错啦，巧克力因为太热了，正在调节体温呢。

点头

点头

呀，巧克力！你现在是在对我做鬼脸吗？

有吗？我没有呀！

调节体温？那它干吗对我吐舌头。

▶ 狗的体温调节

狗只能通过舌头和脚掌进行体温调节。因此在野外长时间暴露于阳光下，狗容易中暑。

人类的体温调节法
人类的皮肤上有大量汗腺。因此，体温上升时可排出汗液。汗液从皮肤上蒸发的同时，热量也会被带走，体温就得到了调节。

狗的体温调节法
狗的皮肤上没有汗腺。脚掌上虽然有汗腺，但并不足以调节体温，因此狗会伸出舌头使口水蒸发，通过这种方式来排出热量。

原来这就是你伸舌头的理由呀。

以后为了不让你太热，我会帮你好好剪毛的。

谢谢！

难得见巧克力温柔一次，你们真亲密。

一把抱住

啊，你干吗呢！脏死了！

呕呕呕呕

我说过的吧，不能总是这样不懂卫生！

舔东西可不是个好习惯！

哎哟

勃然大怒

对不起，我也不知怎么了，我只是想表达高兴而已……

低下头

巧克力是因为心情好才这样的，你会不会太过分了点？

心……心情好？不太明白。

狗和人一样，有各种各样的感情，会通过身体来表达。也就是说，狗会通过身体来说话。

通过身体来说话吗？

嗯，尾巴、耳朵、脚、声音，都可以进行表达。

心情真好。

轻轻甩

对了，你还记得以前你把我放到很高的地方吗？

当然，我当然记得。你当时应该很开心，不是还摇着尾巴吗？

你说我开心？我那是因为害怕才摇的尾巴！笨蛋！

刚刚还说摇尾巴是因为心情好呢！你也学会骗人了！

哇哇叫

不是这样的，狗在不安、害怕或者慌张的时候，还有想玩耍或者兴奋的时候，都会摇尾巴。

好害怕……

陪我玩吧……

虽然狗拥有多种情绪，表达方式也多种多样，但是只要稍微学习一下，就能知道它在通过肢体语言表达什么感情了。

没能完全掌握我的状态，也就是说，罗云你对我的关心还不够呢。

巧克力的话没错。

我会记得今天学到的知识，不做巧克力你讨厌的事了。

真的吗？我很期待哦！

当然是真的啦。我们就先从脱下这碍手碍脚的衣服开始吧。

啊，轻一点儿！你弄疼我了！

呵 呵 哈 哈

▶ 狗的叫声和身体语言

狗可以通过叫声和身体语言向人类传达各种意思。如果理解了这些意思，就能更深层次地了解宠物狗了。

叫声

哇哇！

警告的时候
大声连续叫好几声。

哼哼……

生病或害怕的时候
哼哼唧唧来表达身上的疼痛或恐怖。

嗷嗷狂吠

威胁对方的时候
低声狂吠。

呵呜

孤独的时候
长啸一声，休息一会儿，再叫。

身体语言

用舌头舔
心情好或认可主人的时候，用舌头舔来表达亲密感。

摇尾巴
开心或兴奋的时候，不停地摇动尾巴。

藏起尾巴
表现服从或害怕的时候藏起尾巴，极端害怕的情况下将尾巴藏到后腿之间。

露出肚皮
撒娇或投降的时候，躺倒在地上露出肚皮。

无处躲藏的气味

轻轻地舔

看看巧克力，它正在用舌头舔鼻子呢。

真奇怪。为什么会这样呢？

因为鼻子经常很干……

轻轻地舔

嗯？

叮

某个地方传来了炸鸡的味道，看样子玉所长要给我们吃零食呢。

炸鸡味道？我们什么都没闻到啊？你是不是饿晕了，竟然拿我最爱吃的炸鸡开玩笑！

来来来，开心的零食时间……

一下子站起来

哇，真的有我最爱的炸鸡！

什么呀，这不是炸鸡吧？

果然，狗磨牙棒还是炸鸡味的最美味。

吧唧

没有我们吃的吗？

巧克力靠鼻子猜到了是什么味道的狗磨牙棒呀。

你们看巧克力的鼻子好湿润。

真的呢！

当然了，我的鼻子可是很厉害的。

你们观察得还挺仔细，狗鼻子变湿润，是为了更好地闻味道。

为什么啊？

狗的嗅觉十分灵敏，半径在 2 千米内的所有味道都能闻到，就连距离 10 千米内的部分味道也能闻到。

哼哼

2 千米

10 千米

那么远都能闻得到？

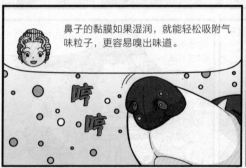

鼻子的黏膜如果湿润，就能轻松吸附气味粒子，更容易嗅出味道。

哼哼

啊，就像湿抹布上更容易沾上灰尘一样吗？

就是这个道理！

▶ 狗的嗅觉

嗅觉是狗最灵敏的感觉。人的嗅觉细胞只有约 600 万个，而狗的鼻子里有 2.5 亿个以上嗅觉细胞，数量十分庞大。狗上了年纪以后，听觉和视觉都会退化，仅能依靠嗅觉。狗的嗅觉器官十分特别。

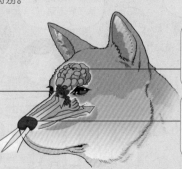

感知气味的细胞
气味分子与狗鼻子内如同迷宫一般缠绕着的嗅觉细胞相遇后，众多嗅觉神经就会将气味信息传达至大脑。

对气味敏感的大脑
人类大脑的体积比狗的大脑大十倍，但是处理气味信息的部分，狗的比人类的大三倍。

湿润的鼻子
使得进入鼻孔的空气变得温暖和湿润，更有利于嗅出味道。

汪汪

汪汪

突然叫什么呀？

你们没听到什么声音吗？

没有听到啊，你吓到我了。

快递到了！

叮咚

叮咚

送快递的大叔到了。

哇，你刚刚是听到了脚步声吗？

相信我的听觉，不会有错。

巧克力能听到远处轻微的声音。狗的听觉像嗅觉一样灵敏。

我们没听到的声音，巧克力是怎么听到的呀？

就是啊，不可思议。

那是因为每种动物能够听到的声音频率范围不一样。

人类能够听到的声音频率范围在 20 Hz~20000 Hz（赫兹）。1 Hz 是 1 秒钟内声音振动的次数。

人类无法听到 20 Hz 以下的低音或 20000 Hz 以上的高音。但是狗可以听到 40 Hz~40000 Hz 范围内的声音。

20 Hz 40 Hz　　　　20000 Hz　　　　40000 Hz

人与狗能够听到的频率范围

狗有时会突然对着空中无故叫嚷吧？那是狗听到了人类没有听到的声音作出的反应。

原来是这样啊。

▶ 狗的听觉

　　狗的种类以及耳朵样子不同，听力也有差别。但是一般而言，狗的耳朵周围约有 17 块肌肉，能够竖起耳朵或者朝着声音传来的方向偏转。因此即使是很小的声音，狗也能敏感地察觉到，并区分各种声音。

有声音传来，就竖起耳朵或者偏转耳朵的狗。

1 耳部肌肉发达，听到声音时可以竖起耳朵。

2 耳廓中汇聚的声音可以由鼓膜转化成神经信号传递至大脑。

3 信号传递至大脑后，能够识别 40 Hz~40000 Hz 的声音，远远超过人类能听到的 20 Hz~20000 Hz 的声音范围。

狗的嗅觉和听觉都十分出众，然而视觉并非如此。

欸？不会吧！我听说狗在漆黑的夜晚也能够活动自如呢。

对，即使只有微弱的光亮，狗也能分辨物体的形态，但是无法分辨色彩。

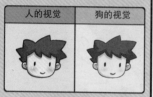

人的视觉	狗的视觉

就在不久之前，狗还一直被认为是色盲，看到的世界只有黑白色，不过根据研究结果，狗只是分辨不清红色和绿色的红绿色盲。

原来如此！

所以那时候……

才会在有颜色的球面前那样犹豫呀！

把红色的球捡回来！

你在逗我吗？哪有红色的！

狗不是靠微弱的视觉，而是靠嗅觉和听觉在世上生活的。

内疚

巧克力，你太了不起了！

话说回来，所长，刚刚是什么快递呀？

这个呀！这是每只来到我们研究所的狗都需要接种的疫苗。

疫苗？打针？我们巧克力没啥不舒服呀？

我最近觉得自己没啥胃口……

说谎！非要拆我的台吗？

你早上不是还一口气吃完了一大碗狗粮吗！

嘿嘿，我有吗？

狗即便生病了，也是无法说出来的，因此人们必须对狗倾注关心，仔细观察狗的状态。

可不是吗？如果我感受到了压力，就会没胃口了。

可你每天都吃好多呢！

狗喜欢有规律的生活，如果生活发生了变化，就会感到压力。

今天玩得再晚一点吧……

亲，我该睡了呢……

该死的拉肚子，已经是第10次了！

赶紧

消化系统产生问题的时候，狗也不肯吃食物。

咳咳

被细菌或病毒感染，亦或呼吸器官产生问题引发哮喘的时候，狗也不吃食物。

我们生病的时候也吃不进食物，它们和我们很相似呢。

是的。遇到这样的情况，我们不能勉强喂食，而是应该让狗多喝水。

宠物狗容易患上各种各样的病，但是最需要注意的还是传染病。

传染病？

是呀，还很严重呢！

最具代表性的就是狂犬病。狂犬病会通过已经感染了病毒的动物的唾液进行传播，得此病后，会变得粗暴，呈现麻痹症状。

▶ 狂犬病

所有哺乳动物均可能感染狂犬病，它是一种死亡率很高的可怕疾病。如果得了狂犬病的动物咬了其他人或动物，病毒就会通过唾液进行传播。狂犬病病毒会侵染神经系统，引起被咬者不正常的行动或攻击性行为。因此，必须通过疫苗接种来预防这一疾病。

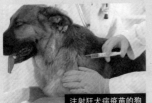

注射狂犬病疫苗的狗

欸，好可怕。

抖 抖 抖

但是，此类传染病能够通过注射疫苗达到预防效果，只要好好进行健康管理，我们也不需要太过担心。

狗的健康管理也很重要呢。

别担心，我健康着呢。

以后也得继续健健康康的！

28

狗和人一样，根据饮食、运动量、环境的不同，也可能患各种各样的病。此外，狗得的病中，也有一些可以传染给人，因此必须特别当心。

① 麻疹

和得了麻疹的狗接触后就可能被传染。麻疹是死亡率较高的病毒性疾病，一旦得病就会发烧，表现出与感冒相似的症状。在特定时期内进行疫苗接种，可以预防。

① 传染性肝炎

如果摄入了感染肝炎的狗的排泄物或唾液，就会发病。得病后会发烧，角膜颜色发生变化，有时也会引起痉挛。为了预防得此病，应当在母狗产仔前进行疫苗接种。

① 犬细小病毒肠炎

得了肠炎的狗的排泄物中，被排出的病毒可在草地或其他外部环境中生存6个月。如果与此种病毒接触，就有可能得病。得病后会产生严重的腹泻和呕吐症状，食用乳酸菌制剂可以达到治疗效果。

① 犬心丝虫病

犬心丝虫病是通过蚊子进行感染传播的寄生虫疾病。犬心丝虫身体长达30厘米，盘踞在狗的心脏周围，会使其呼吸困难。严重时导致腹部充满腹水。可通过使用驱虫剂来达到预防和治疗的效果。

神圣的使命

你看那边！

嘶

它等到红绿灯变化了，才过马路。

真聪明啊。

哇哇

一会儿后

看样子你们已经见识过了寻回犬为视力残障人士带路的样子了。

是的！

不过，您之前说过狗应该是红绿色盲才对呀！

你们真细心，导盲犬之所以能区分红绿信号灯，是依靠两种灯光的亮度差异。

另外，导盲犬还应当拥有与人亲近的性格。由于寻回犬不仅具有社交性，而且聪明伶俐，所以十分适合做导盲犬。

金毛寻回犬

高度约55厘米，体重约30千克。原产地英国，肌肉发达，十分听话，头脑聪明，学习能力强。

如果不得到视力残障人士的允许就去分散导盲犬的注意力的话，很容易发生事故，必须注意。

是！

▶**对待导盲犬的礼仪**

不摸

如果擅自摸导盲犬的话，导盲犬和视力残障人士均可能因此收到错误的信号。

不喂食

如果擅自给导盲犬喂食，导盲犬被食物分散注意力，容易涣散精神。

不叫

导盲犬的注意力应集中在被导盲对象的声音上而不应受外界干扰，所以不应擅自叫唤它们。

除了导盲犬，还有很多种类的工作犬。

我们很好奇！

那我们一起学习一下更多的工作犬吧？

闪亮

啊，我们这是到了哪里啊？

嘘，这儿是事故现场。

你们是第一次见识到所长神奇的玉珠呢。

这儿有危险，请退后！

啊，好的！

快看，是德国牧羊犬！

哇，真帅！它是"酷"系的，我是"萌"系的。

牧羊犬

高度约60厘米，体重约30千克。原产地德国，工作能力极强，头脑聪明，在负责保安或救助工作中，即使被部署了困难的任务也能够取得卓越的成果。

看它很认真的样子，这是在做什么呢？

狗在利用它出众的嗅觉，寻找沾染了犯人气味的物证。

班长，找到证物了。

探查到证物的警犬

警犬真了不起！

是不是我钱包丢了，也能帮我找回来呢！哈哈……

▶警犬中最具代表性的品种

警犬除了查找证物，还需要承担保护警官、搜寻和追击嫌疑人、探查爆炸物和走私品等工作。它们头脑聪明，忠心耿耿，体格健壮，能够完成各种任务。

杜宾犬
高度约70厘米，体重27千克~45千克。德国品种，行动力强，动作敏捷，与德国牧羊犬一样，是具有代表性的警犬。

罗纳威犬
高度约70厘米，体重35千克~60千克。德国品种，比杜宾犬身躯更大，骨架健壮。拥有强大的体力，比起宠物犬，更常被用作工作犬。

换地方也不提前说一声，还没来得及摸一下它呢！

啪

快看，那边也有警犬！你可以去摸摸它。

那不是警犬，是搜救犬。

大叔，您去哪儿啊？我能摸摸那只犬吗？

别闹！听说山上有遭遇灾害的人，我们得去搜救。

看样子找到了什么！

哇哇

在这边！这里有人！

哇，搜救犬在救人呢。

是不是很厉害呀？

34

除了山林搜救犬，还有进入倒塌房屋的灾害搜救犬，以及救助落水人员的水中搜救犬。

不仅仅是在水中和高处，它们还能进入比如地震现场之类的摇晃场所进行搜救。

搜索失踪者的灾害搜救犬

活跃于海洋的水中搜救犬

搜救犬大多数是德国牧羊犬或寻回犬，但是有些其他品种的狗经过训练，也能够成为搜救犬。

那我也有可能成为搜救犬了！

真对不起，要救人的话，必须力气大。因此比起体形小的狗，大狗更适合哦。

闷闷不乐

呜，好可惜。

▶ 活跃在灾难现场的搜救犬

日本东北部大地震现场

2011 年日本东北地区发生了 9 级大地震，数万人失踪。各国派出救援队员和搜救犬前往现场进行搜救。

菲律宾台风灾害现场

2013 年菲律宾中部被超级台风海燕席卷，塔克洛班市 70% 的建筑遭到破坏，搜救犬前往现场搜寻失踪者。

更厉害的是有能够帮助听力残障人士的助听犬哦。巧克力你可以朝这方面发展下呢！

助听犬？

助听犬怎么帮助听力残障人士呢？

那我们直接去看看吧？

啪

这是听力障碍人士的家了。玉珠用魔法，把我们变得看不见啦。

怎么来别人家了，会被当作小偷的。

哔 哔

哔

哎呀，水烧开了，但是主人听不见。怎么办！

汪汪

汪汪

别叫了，我知道了，刚刚烧水了。

幸亏狗狗告诉她了，不然都不知道怎么办了。

咚 咚 咚

知道啦，知道啦，有人来了是吧？

助听犬如果听到家里电话或门铃响，就会告诉听不到声音的主人。

真是多亏了它。

▶ 助听犬

助听犬与听力障碍人士一同生活，分辨日常生活中的各种声音并告诉主人。与导盲犬一样，助听犬在志愿者家中熟悉规矩后，与听力障碍人士一同接受训练。结束所有训练后，成为正式的助听犬。

一般而言，只要对声音充满兴趣，不论什么品种的狗都能做助听犬。但是，由于要在家中到处行动，还是体格较小的狗更适合做助听犬。

助听犬的角色
全国聋哑人大会上，助听犬当众展示听到闹钟铃声后叫醒力障碍人士的本领。

那我也能做助听犬了吧？

听说狗好像有很多品种呢。

没错，狗的大小、模样都很不同。

狗的品种变得多样化，就是从狗与人一同生活开始的。

人类根据自己的需求，让不同种类的狗进行交配，由此产生了一些新品种。

根据需求让狗交配？

举例来说，像约克夏梗，就是英国约克夏地区的农夫们创造的品种。

约克夏

英国

约克夏梗

为了抓住毁坏菜田的田鼠，农夫让小宠物狗和小型猎犬交配。

如果有又小又灵活，擅长捕猎的狗就好了……

约克夏梗

高度约20厘米，体重约2千克。原产地英国，感觉灵敏，充满活力。毛发柔滑如丝，但打理起来很麻烦。

狗主要分为几大类：在室内生活的玩具犬组，在农场抓田鼠的梗犬组，帮助人类狩猎的枪猎犬组，协助人类工作的工作犬组，看管家禽的牧羊犬组，独立的狩猎犬组等。

玩具犬组　　　　梗犬组　　　　枪猎犬组

工作犬组　　　　牧羊犬组　　　　狩猎犬组

爱尔兰猎狼犬

80 厘米

吉娃娃

18 厘米

根据品种不同，狗的大小也不同。爱尔兰猎狼犬的高度可以超过 80 厘米，

但是吉娃娃的高度仅在 18 厘米左右。

不过，狗的体形越大，寿命就越短。

那我们巧克力能长命百岁了呢。

你是在捉弄我吧，想说我个子小！

▶ 狗的品种

全世界现存的狗约有 450 种。根据体形特征和用途的不同，可以分为 6 个大组和其他组。

▶ 玩具犬

适应室内生活，体形较小。人们常将玩具犬养在身边，当作宠物狗。

马尔济斯

泰迪

西施

博美

吉娃娃

▶ 梗犬组

抓捕破坏农田的老鼠或獾。充满活力，精神气十足。

猎狐梗

迷你雪纳瑞

牛头梗

▶ 狩猎犬组

横穿原野与山，能够独自狩猎。拥有出众的视力和嗅觉，能够找到猎物。无所畏惧，擅长号叫。

猎狐犬

比格猎犬

阿富汗猎犬

格力犬

▶ 枪猎犬组

枪猎犬在危险的猎场活动，服从人的指挥。需要定期进行激烈运动。

维兹拉犬

指示犬

可卡犬

拉布拉多猎犬

▶ 工作犬组

工作犬能帮助人们做很多事情，比如守护家园不被盗贼侵入，拉雪橇，救人性命等。基本由力大、强硬的品种组成，性格勇猛，忠诚度高。

罗纳威犬

阿拉斯加雪橇犬

多伯曼犬

西伯利亚雪橇犬

▶ 牧羊犬组

能够确保家禽安全回到圈养牲畜的地方，或让家禽按规定路线行走等。牧羊犬组在引导其他动物的行动轨迹方面十分厉害。

威尔士柯基犬

边境牧羊犬

喜乐蒂牧羊犬

其他组，是指模样、血统等不同，无法归类于以上任何一组的其他品种。

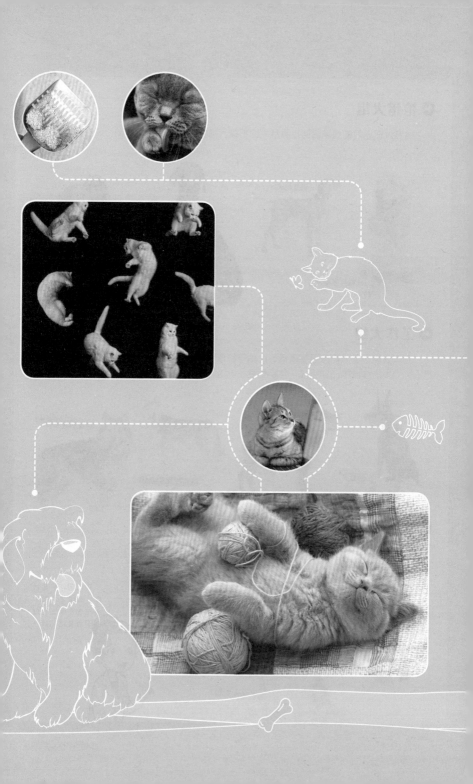

02

高傲的动物，猫

　　猫和狗一样，都是代表性的宠物，但是模样就与狗十分不同。狗在窝中生活，重视等级制度，而猫性格独立。此外，猫的身体柔软，平衡感非常出色。让我们一起了解猫这种高傲的动物吧。

猫身上的秘密

所长！

我们又来啦。

美味的骨头我来了。

快进来，孩子们。

这里也有猫呢？

我最近在研究猫。

哇，好可爱！

喵喵

还挺不客气的，直接进了我的箱子里面了！

嗖

舒服的样子

猫喜欢进入像箱子一样窄小的空间，以此获得安全感。

空间小，有啥好的呀？真奇怪！

喵

看样子猫喜欢你的箱子呢。

那是因为它们仍保留着未被驯化时的习性。

未被驯化时的习性吗？

对！为了躲避其他动物的攻击，猫会躲在石头缝隙或洞中。

隐藏身躯，观察周围环境的猫

▶ 猫科动物

猫科动物，从体形很小的家养猫到百兽之王老虎和狮子，其种类很多。它们是食肉动物，拥有锋利的牙齿和爪子，具有夜行性这一共同点。

锋利的爪子

锐利的牙齿

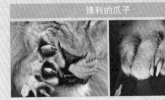

狮子的爪子

猫的爪子

老虎的牙齿

猫的牙齿

45

小家伙，到箱子外面来。

嗒 嗒

哇，好快的速度，真听话！

猫看到移动的物体就很感兴趣，盯着看一会儿就会突然扑捉。这也是从未被驯化生活习性中沿袭而来的。

轻轻 地舔

猫像那样舔自己的身体，也是未被驯化的习性吗？

没错。猫舔自己身体的行为，也与未被驯化的习性有关。

轻轻地舔

猫舔自己的身体，是为了去除自己身上的异味以躲避捕食者的追踪。

▶ 猫的舌头

猫的舌头上有许多粗糙的小突起，这是去除脏污最合适不过的工具。

用舌头舔前脚掌的猫

所以狗一周一定要洗一次澡，但是猫2~3个月只洗一次澡也能保持得很干净。

养猫的人就省事多了，真好！

不要把自己说得很勤快，你都没有经常给我洗澡好吗！

气呼呼

不仅如此，猫还有很多其他未被驯化的习性。

大声叫唤

猫是夜行性动物，白天睡觉，晚上活动。

猫科动物大多如此。

猫也会通过尿液的气味划分领地吗？

我是经常这样子做的……

猫也会这样做，不过猫主要通过脸颊和额头分泌物的气味来划分领地。

搓搓
搓搓

所以猫才会到处蹭脸。

在墙上蹭脸的猫

⊙ 猫的习性

　　猫经常做的动作里，体现了许多未被驯化的习性。如果我们了解了猫做那些动作的理由，就能进一步知道猫的脾气和状态。

⊙ 将身体蜷成一团

　　猫将身体蜷成一团，是为了保护内脏和维持体温。

⊙ 露出肚皮

　　猫只向信任的对方露出肚皮。但是若抚摸猫的肚皮，猫也可能由于防御的本能挠伤对方。

⊙ 在狭小空间内藏匿

　　猫还保留着躲在树洞等地方睡觉的习性，因此喜欢藏在狭小的空间内。

⊙ 四肢垫在躯干下

　　在无须攻击他人或逃亡，即无须使用四肢的情况下，猫会采用这种姿势，展现出悠闲的姿态。

⊙ 从窗户往外看

　　猫出于捕猎的本能，巡视自己的领地，观察猎物。

⊙ 追逐移动的物体

　　猫出于追捕的本能，对移动的玩具表现出巨大的好奇心。

我看你筋骨奇特！我会好好训练你的。

紧贴

来，手！

无视

给我手！听到没！

不理睬的样子

可恶……

发抖

嘻嘻嘻……

所长，猫咪是不是讨厌我啊。

呜呜

哈哈，并不是这样的。

这只是因为猫性格独立，不会像狗一样容易亲近人啦。

吼吼

50

与狗不同，猫的祖先并不群居，而是独自生活。

忠诚！我们会服从一切命令的。

我凭什么要服从别人呀？狮子和老虎都是俺家亲戚！

由于猫的这种习性，驯服起来十分困难。

没错。我从没听说过猫可以接受训练，傻眼了吧。

怎么会这样？

猫喜欢自己待着，给猫创造那样独立的空间比较好。

它看上去十分威武呢。

猫可是很讲究卫生的。狗通过训练才懂得找厕所，但是猫会本能地隐藏大小便。

哇哇哇哇

哇，真聪明啊！

只要给猫准备好沙子，猫就会在排便后用沙子盖住自己的大小便。

我得盖住，让别人看不到！

▶ 猫的排便

即使不从母猫处学习，猫也会本能地隐藏排泄物。这是在野生环境下，猫为了不让敌人发现自己的所在地而采取的行动，并延续至今。

猫用沙覆盖的自己的排泄物。

正因如此，猫成为众所周知的爱干净的动物。

你听到了吧？

嫌弃的神眼

喵喵，你要和我一起玩吗？

嘿嘿，你连尾巴都摇起来了，是不是我邀请你一起玩，你很开心呀？

那不是开心的表现，是它在考虑要不要攻击巧克力呢，可得小心点！

攻击我？为什么！

迅速躲起来

看尾巴，我们就能知道猫的状态。

▶猫的尾巴语言

　　狗会通过多种多样的叫声和身体语言向主人表达意思，猫也常通过尾巴的动作来表达感情。如果看懂了猫尾巴动作的含义，我们就能与猫建立起深厚的友谊。

尾巴直直地竖起，表示开心。

尾巴竖起前后摇晃，表示轻视对方。

尾巴竖起，尾梢向前折起，表示心情好。

尾巴竖起，抖动，表示心情十分好。

尾巴略微下垂，尾梢卷起，表示产生了好奇心。

尾巴低低地伸直，表示有攻击的可能性。

尾巴竖起且大幅度肿胀，表示做好了攻击的准备。

尾巴完全下垂，放在后腿之间，表示惊慌。

猫不光会通过尾巴来表达自身的感情，也能通过表情、视线、姿势等等来表达。因此我们要仔细观察它。

换句话说，猫全身都会说话呢。

可不是嘛！

了解了猫的习性，对养猫很有帮助。你看它多喜欢我！

学习了一下猫的知识，我更喜欢猫了呢！

我也是！

切！

▶猫的叫声和表情语言

即便只观察猫眼睛的模样和耳朵的位置，我们也能掌握猫的心情。眼珠越大，耳朵越向前，表明猫的心情越好。猫在害怕的时候，原来下垂着的胡须也会向后绷得紧紧的。

平时

喵呜

耳朵竖起，眼睛圆睁。猫有各种要求时，经常发出"喵呜"的声音。

生气时

咆哮

耳朵向前伸展，完全张开，眼睛细长。发出又粗又低的声音给予对方警告。

攻击时

哈啊

在危险的情况下，为了保护耳朵，使耳朵向下垂。感到恐惧时，胡须向后绷得紧紧的。

幸福时

呼噜呼噜

放松耳朵，眼睛微闭，发出"呼噜呼噜"的声音，表现出安心的状态。

▶ 猫的生活

　　猫的睡眠时间平均每天 10~15 小时，最多可达 20 个小时。比起以低热量食物为食的草食性动物，猫这类肉食性动物需要食用热量较高的肉类，才能补充捕猎所消耗的能量，并通过长时间睡眠确保能量转化。现在，让我们一起学习猫的生活方式和繁殖方式吧。

▶ 吃什么呢？

　　猫一天进食 8~16 次，昆虫、虾、小型啮齿类动物都是它的食物。猫保留了肉食动物特有的气质。如今，家养猫的饲料也基本由高蛋白、高脂肪类营养成分组成。

▶ 怎样繁殖呢？

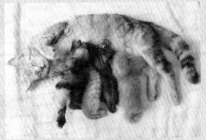

　　母猫在出生 5~6 个月后便开始发情。发情一般每两周 1 次，怀孕时间为 9 周左右，1 次能产仔 3~5 只。

▶ 怎样打理毛发呢？

　　猫的舌头上长有小突起，猫用舌头与唾液舔毛，打理毛发。经常性舔毛，使得脱落的毛堆积在肠胃里，久而久之形成如照片上所呈现的毛球形态。有时猫会自发呕吐，将其吐出。

▶ 为什么打架呢？

　　猫会为了防御、守护领地、繁殖等事打架。此时，猫毛竖立，使身体看起来更大。受伤的一方会迅速逃走，因此不会有较大的纷争。

天生的猫人

这儿是猫的乐园。

猫好像经常在白天睡觉。

猫为什么突然叫了呀？它听到什么声音了吗？

猫的耳朵很灵敏吗？

猫和狗一样，能够听到人类听不到的音域的声音。

没错！

巧克力呀，你也听到了吗？

听到什么？

看样子巧克力没听到呢。

猫比狗的听觉还要灵敏呢，这一点你是必须接受的。

呃，不会吧！

一张纸在 10 米以外的距离，被风吹走的声音，猫都能听到，很厉害吧？

10 米

而且，猫耳朵很柔软，就算猫不转头，也能听到来自四面八方的声音。

转动

正面传来声音时

反面传来声音时

用一句话概括，猫的耳朵就是声音探测器。

好神奇。这个比喻真是太形象了！

◉ 猫的听觉

　　猫的耳朵约有 30 块肌肉，能转动 180 度，聆听来自四面八方的声音。猫的听力比狗的听力灵敏得多，而且对女人的声音比较敏感，这是因为猫对发出的高音具有更高的灵敏性。

耳朵的转动

声音从正面传来时，竖起耳朵。

即使不转头，只转动耳朵，也能听到声音。

欸？

咚

咚

球掉到黑漆漆的地下室去了。

咚

咚

挥

挥

啊，喵呜！

别担心，它是跟着球进去的。

可是里面特别黑吧，开关在哪里？

我得进去帮帮它。

没这个必要啦！

哇，找回球了呢。

猫是夜行性动物，即使是夜晚也能看清四周，拥有出众的视力。

猫的眼睛有反射光线的反射细胞，只需要人类看清物体所需的七分之一的光线，就能在黑暗中充分看清物体。

虽然猫可以在光线很暗的地方看清楚物体，但是无法看清近处的物体。

因此比起在猫面前 10 米的东西，50 米处的东西更容易被看清。

50米处有老鼠！站住别跑！

竟然对我视而不见……

10米

50米

猫对移动的东西非常敏感呢。

所以，在天空中飞行的虫……

也能被它抓得到。

此外，猫虽然不是色盲，但是无法像人类一样，分辨物体的颜色。

对猫而言，这种带颜色的衣服就毫无意义了吧。

没错！

哈哈

▶ 猫的视觉

猫眼睛的模样会根据四周的亮度发生变化。在暗处，虹膜会缩小，瞳孔变大。在明处，虹膜变大，瞳孔缩小。猫会对进入眼睛的光线进行有效的调节，即使在很亮或很暗的地方也能看清物体。此外，猫虽然无法分清所有颜色，但还是能分辨几种颜色的。它和人一样，看到的物体是立体的。

明亮 ────────────────→ 昏暗

光线亮时，突然被惊吓，瞳孔呈细长的上下垂直状。

一般明亮时，在犹豫状态下，瞳孔呈杏仁般椭圆状。

昏暗时，注视着某物，眼睛整体呈黑色，瞳孔较大。

所长，那么猫的嗅觉也很厉害吗？

再怎么厉害，总不会比我厉害吧？

猫的嗅觉虽不如狗灵敏，但比人灵敏30倍以上呢。

30倍？太夸张了吧！

所以猫在吃食前，一定要先闻一闻味道，判断是什么食物。

这点和我们狗是一样的。

这是什么，让我闻一闻是否安全。

不止食物，猫在区分各种物体的时候，都会使用嗅觉。

▶ 猫的嗅觉

猫通过出色的嗅觉获取众多情报。特别是猫会搓揉身体与对方交换气味，通过气味来判断对方是敌是友。猫的嗅觉也可以认为是一种交流工具。

湿润的猫鼻子。

猫的其他感觉如何呀？比如说触觉之类的……

触觉？触觉是什么东西？

触觉是物体碰到皮肤的感觉。

猫的触觉十分灵敏。捕捉猎物时用脚掌摸一摸，就能知道猎物的状态。

不过，猫的其他感觉都要比其触觉灵敏得多。

猫用得最多的还是听觉，依次是嗅觉和视觉，最后才是触觉。不管怎么说，猫还是用相对灵敏的感觉比较多啦。

因为用得多，所以这种感觉也会越来越灵敏吧。

1 听觉

2 嗅觉

3 视觉

4 触觉

以后就叫它顺风耳吧！

嘭

摇晃

危……危险！

怎么了？不喜欢吗？

哇！站住了！

嗒

可不要小瞧了猫的平衡感。

▶ 猫的平衡感

猫能够在空中旋转身体并找到平衡，四肢向着地面落地。这是因为猫调节身体平衡的半规管，比其他动物都出色，所以猫即使从高处跌落，也总是能准确安全落地。此外，比起低处，从高处跳下时，猫反而觉得更安全。因为猫会提前估计跳下的高度，从而有足够时间找到身体的平衡。

说到猫出众的平衡感，也不得不提到它的胡须。

嗯？

猫的胡须根部有许多神经，能够帮助猫掌握空间的信息、空气的流动和方向。

所以猫能够从高空安全着地。

轻盈

能够判断自己是不是可以进入狭窄的空间。

能够确保外出时找到回家的方向。

找回家的路对我来说真是小菜一碟。

也就是说，猫科动物在没有被驯化、过着野生生活时，捕捉猎物时的感知能力很出色。这也是一种相当于传感器的功能。

东南方向有猎物的气味。

有其他动物的热量。

如果有人开玩笑，把猫的胡须都剪了，会有什么后果呢？

啊……

猫就不能正常活动了。

在黑暗中也找不到方向了。

是的，没错。所以我们绝对不能剪掉猫的胡须。

我绝对不会剪的。

我也不会给猫穿妨碍到胡须的衣服。

▶ 猫的胡须仿真传感器

　　猫的胡须与神经末端密集的组织相连。由此，即使是很小的空气流动，也能被感知到。所以猫即使不看，也能知道附近有些什么物体。此外，根据气压的变化，猫也能掌握物体或猎物的位置和活动。科学家通过研究猫令人惊叹的胡须感知原理，正在开发猫的胡须仿真传感器。电子胡须传感器一旦被开发，能够被广泛用于各类尖端科学技术领域，值得期待。

仿真高科技真有趣呢。

这是模仿猫的胡须制造的玩具机器人。

挑食的猫公主

猫咪咖啡馆

嗯?

哇,是猫咪咖啡馆!

好多好多猫呀!

所长,我们进去看看吧。

但是给它们看病预定的时间已经……

就进去一会儿,走啦走啦!

那就10分钟。

不过,摸猫咪前后,一定要洗手,知道了吗?

知道了!

我要挑一个最可爱的!

你的宠物不是巧克力吗?此刻这样激动我真是搞不懂了。

这只猫好像喜欢我呢,自己靠过来了。

轻轻地 轻轻地

果然暹罗猫很听人话呢。

我最喜欢的就是暹罗猫了，看来我们很有缘。

暹罗猫性格好动，需要主人给予不断的关心和爱护，它非常讨厌独处。

暹罗猫

你就是我一直心心念念想要找的动物哎！

喂！你第一次看到我的时候，也是这么对我说的，你还记得吗？

哈哈哈！

那边那么多漂亮的猫，它们都叫什么呢？

一般来说，猫的种类有40余种。猫可以根据体形和毛的长度分类，名字也很有特点。

▶ 猫的种类

猫的种类有 40 余种，根据体形和毛的长短可以进行分类。

▶ 根据体形分类

短胖型 整体圆滚滚，身躯短，肩与腰围粗大，身体壮实。

波斯猫

外来种短毛猫

曼岛猫

喜马拉雅猫

外国型 苗条，体形有肌肉线条。比起短胖型，更接近东方型。

阿比西尼亚猫

土耳其安哥拉猫

日本短尾猫

俄罗斯蓝猫

东方型 细长体形，瘦长的四肢，鞭子般的尾巴。

东方短毛猫

柯尼斯卷毛猫

巴厘猫

暹罗猫

长而坚实型 比其他猫都笨重，体形健壮，不太容易生病。

挪威森林猫

西伯利亚猫

布偶猫

缅因猫

▶ 根据毛的长度分类

长毛猫　毛长，为防止毛打结或掉落需每天梳理。换毛和初夏时会掉很多毛，如果要保持室内卫生需十分注意。

爪哇猫

挪威森林猫

波斯猫

喜马拉雅猫

缅甸猫

布偶猫

> 感觉还是长毛猫看起来才是超级可爱的，我都看得眼花缭乱了。

短毛猫　毛短，日常护理比较容易，洗澡梳理所花时间不长。梳毛时，应使用短毛猫专用刷子轻轻操作。

曼基康猫

孟加拉猫

德文卷毛猫

加拿大无毛猫

埃及猫

英国短毛猫

> 短毛猫打理起来更方便，我喜欢！

好了，咱们该走了吧？

我好想养一只暹罗猫，让我再抱抱它……

悄悄告诉你，听说猫很难缠，还特别挑食。

你说谎！

的确猫对食物有特殊的选择。

葱、洋葱、大蒜等食物，它们是绝对不会吃的。肉类或者鱼类因可能引起寄生虫感染，也需加热才可以喂食。

还有，含有糖分或者咖啡因的食物会导致它生病，对猫而言这些食物相当危险。

▶猫不能吃的食物

破坏红细胞的食物。

有寄生虫感染可能性的生食。

可能引起腹泻的面粉类食物。

可能伤害消化器官的骨头。

可能引起心脏病和高血压的加工食品。

容易引起失眠和呼吸障碍的带有咖啡因的食物。

猫咪咖啡馆

切，你干吗一直陷害猫，真无聊！

你去养呀，怎么不去了！知道它们有多么挑食吧，还容易生病。

做鬼脸

猫的确容易得一些与排泄器官相关的病，比如尿结石或者膀胱炎等。

这是为什么呢？

猫的祖先在沙漠里生存，天生与水不亲近。

即使是现在，猫也不喜欢碰到水。

如果被水浸湿了，就不能迅速移动了！

最讨厌浸湿了！

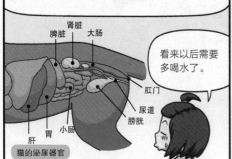

这样一来，猫的水分摄取量十分不足，肾脏或者膀胱这样的泌尿器官就容易有问题。

脾脏　肾脏　大肠

看来以后需要多喝水了。

肝　胃　小肠　膀胱　尿道　肛门

猫的泌尿器官

敏感的猫在喝水或撒尿时，我们最好不要干扰。另外应当为它营造干净的环境。

为猫咪的健康生活整治环境

喝水的碗干干净净

厕所也干干净净

猫的疾病中，也会有恐怖的传染病呢。

不是吧！

猫癣是一种由一组皮肤真菌感染造成的皮肤病。

得了猫癣，发生掉毛情况的猫

得了猫癣的猫，一旦碰到床或家具，沾在上面的真菌就会传播给人或其他动物。

不过得病后，若人和猫能得到及时治疗，也无须过分担心。

哎呦，幸好。

只要把猫的生活环境打扫干净，让猫定期运动，喂食健康的食物，增强猫的免疫力，就可以预防猫癣。

知道了！

▶ 得病的信号

　　猫比狗寿命长，有些猫可以活 20 年。但是猫如有以下症状，还是需要尽快带猫去宠物医院治疗。

▶ 经常呕吐

　　猫由于经常梳理毛发，的确会吐毛球，但是当呕吐现象持续 12 个小时以上或呕吐物中带血，需要尽快医治。

▶ 痒得直挠

　　挠耳朵摇头或耳屎变黑，极有可能耳朵有尘螨。挠身体，极有可能身上有跳蚤。可使用驱虫洗涤剂进行治疗。

▶ 腹部肿起

　　被肠内壁寄生虫感染后，猫的腹部肿胀，出现腹泻。如果在猫睡觉的地方、身上或厕所发现大米模样的绦虫，请让猫服用驱虫剂。

▶ 经常排泄

　　食用了变质食物或受到寄生虫、病毒性肝炎的感染，猫会有腹泻症状。若猫经常腹泻，大便内带血，请务必前去诊断，找出原因。

▶ 夹带眼屎

　　出生 7~10 天，眼睛刚睁开的小猫特别容易患角膜炎。有分泌物在眼角处就像夹带的眼屎一般。如果猫经常眨眼，需要检查其是否患上了角膜炎。

▶ 掉毛

　　如感染真菌性猫癣，会感到痒，长出肿块，掉毛处呈圆形，出现干屑。治疗办法是将毛剪短，涂药，使用治疗专用的洗涤剂清洗。

03

萌宠乐园大联欢

兔子可以分为家养兔子和野兔两大类。仓鼠与老鼠不同，两颊皆有颊囊，可储存食物。鹦鹉拥有与人类相似的器官，能模仿人说话。了解多种多样动物的特征和性格有助于人与动物和谐相处，快来参加有趣的动物大联欢吧！

胖嘟嘟的小可爱，兔子

嗒
嗒

巧克力，好样的！让我再扔远一点试试。

咻 咻

嚓
嚓

巧克力！你去哪儿啊？

咦，好像有人在附近。

是兔子呢！

让我瞧瞧。

我还是第一次离这么近看兔子呢。

这只兔子尾巴短短的，应该是穴兔。

穴兔？

家养兔子绝大多数属于穴兔。

好可爱！

毛真软真暖和。

一群喜新厌旧的家伙，我的毛舔舔也很软好吗！

抚摸

兔毛除了分量轻、暖和，还以触感好而出名。

拥有柔软触感的兔毛

而且兔毛表面有油分，水不会渗入毛内部。

▶ 兔子的种类

韩国共有两个种类的兔子：改良过的家兔和野兔。

	家兔		野兔	
大小	体长 38 厘米 ~50 厘米 体重 1.5 千克 ~2.5 千克		体长 43 厘米 ~54 厘米 体重在 5 千克以上	
模样	尾巴短，腿短。每个品种毛色不尽相同。		比家兔的耳朵、腿、尾巴都长。毛色在夏天呈褐色，冬天换毛后变成白色。	

兔子的鼻子不停地在动！

看样子是在闻味道。

兔子的嗅觉很发达，能通过气味分辨出自己的崽。

妈妈去哪儿了？

这才是我的孩子！

哼哼

你们看，兔子好像很开心。

哪里开心了？你不能那样抓着兔子的耳朵！

嘻嘻

是吗？电视里都是这样抓的呀？

那是因为他们不懂。

兔子耳朵上布满了血管，这样很容易弄伤血管。

不懂就是不懂，还在那里一本正经地犯错。

对不起，对不起

我也不得不嫌弃一下你了。

兔子的耳朵有两个重要的作用。

首先它具有出色的听力，即使是细微的声音也不会错过。

沙拉作响

听一跳

然后还能够调节体温。兔子没有发达的汗腺，是通过耳朵上的血管散热的。

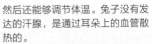

布满血管的兔耳朵

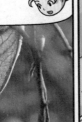

不知者不罪，你不会生我的气吧。

哼

兔子的后腿比前腿长 3~4 倍，可以快速上坡。野兔的速度可以达到时速 80 千米，很厉害吧！

啪 啪 啪

真的一瞬间就跑不见了呢。

▶ 兔子的身体和繁殖

　　野兔和家兔在身躯、腿、耳朵等地方存在一些不同，但身体构成没有大的差异。同时，兔子的繁殖能力也非常强。让我们一起了解一下兔子的身体和繁殖方法吧。

▶ 兔子的身体

耳朵
听力比狗略差。耳朵上有许多血管，能够排走热量，调节体温。

鼻子
比起视觉，兔子更依赖嗅觉。嗅觉灵敏，能通过气味分辨自己的孩子。

眼睛
拥有360度的视野，无法看清近处的物体。

牙齿
只露出2颗上牙和2颗下牙，而实际上它总共有28颗牙齿。

尾巴
短且多毛，圆棉球形状。竖起尾巴代表警惕，放下尾巴代表服从。

前腿
前腿比后腿短，有5个脚趾。

后腿
后腿比前腿长3~4倍，有4个脚趾。快速奔跑时，后腿起到重要作用。

▶ 兔子的繁殖

　　兔子的寿命有4~10年，8~9个月时性成熟，可进行交配繁殖。妊娠周期为28~33天，1次可产3~9只幼崽。新出生的兔子浑身无毛，皮肤呈半透明状，体长约10厘米，体形很小。出生后1周，软乎乎的毛开始长出，1个月左右断奶，5个月左右长大。

刚出生的小兔子。

出生一周的小兔子。

原来我们家小不点儿在这儿呀！

原来是迷了路的小兔子呀？

让你出去散个步，怎么跑那么远的地方来了？

真淘气，怎么满身是泥？赶紧回去洗个澡吧。

站住！不能给兔子洗澡！

啊，为什么呀？

如果给兔子洗澡，兔子可能会感到不适，甚至可能会死掉。

什么？

兔子对温度和湿度很敏感。不光是洗澡，就算是喂水喝，也要十分注意饮水量。

水喝多了，我会腹泻……

虽然兔子不是很怕冷，但是在冬天可能会感冒，所以我们得让它感到暖和。

原来兔子也会感冒呀。

不会也要打针什么的吧！

兔子一般吃胡萝卜、生菜、黄瓜、兔子草这样的食物，偶尔也吃自己的排泄物。

是不是啊？这么恶心！

以草、蔬菜、水果为食的兔子

由于它们体内营养成分不足，所以它们吃排泄物也不一定是坏事。

我们的排泄物和人的排泄物不一样，没那么脏呢！

▶饲养兔子时的注意事项

只要注意以下几点，就能让兔子健健康康。

暖和！

我们像猫一样，也会舔毛的。

我讨厌水！

温度

在寒冷的地方生活，会和人一样有流鼻涕、打喷嚏等感冒症状。适宜兔子活动的温度是 20~25 摄氏度，这样兔子就能一直暖暖和和的。

清洁

兔子会定下一两处地方，只在那些地方排泄。喜欢干净的兔子经常会独自舔毛。为了不让兔子窝变脏，我们要经常帮它打扫居住环境的卫生。

洗澡

最好不要给兔子洗澡。如果一定要给它洗澡的话，需用专用沐浴液，还要避免水进到耳朵里。需要强调的是，出生 3 个月以内的兔子绝对不可以洗澡。

以前对兔子的知识不了解，以后我会多加注意的。

只要控制好兔子生活的环境和食用的食物，就能让兔子远离疾病了。

我会记住的，谢谢您！

小兔子，再见！快快长大吧！

突然有点想念我家啾啾了。

再见！

▶ 多种多样的兔子

白兔

形成色素的基因有问题，因此皮肤和毛都呈白色。白兔的眼睛看起来很红，我们看到的红色是眼睛血管中血液的颜色，并不是眼球的颜色。

巨型兔

普通兔子体重约2千克，巨型兔体重可达10千克。体长达到70厘米~80厘米，是兔子中最大的。

原地打转的主人，仓鼠

玉所长，我突然有个问题想问您。

什么问题？

我给家里的仓鼠喂东西吃，每次它都要咬我的手指。这是为什么呀？

很有可能是仓鼠感到了压力吧。

我对它可好了，怎么会有压力？

仓鼠一般是受到压力，才会咬主人的。

要不我们一起去看看吧？

在这边，我可爱的仓鼠公主。

哇，这么小一只！

看它身上是褐色毛，背上有黑色条纹，这是只黑线毛足鼠。

没错，啾啾是黑线毛足鼠。玉所长真厉害！

黑线毛足鼠性格温驯，挺听人话，所以很容易饲养。

▶ 仓鼠的种类

仓鼠是仓鼠亚科哺乳类动物的通称，它们可以作为家养宠物或者用于动物实验研究。作为宠物，最具代表性的是金丝熊、黑线毛足鼠和小毛足鼠。

金丝熊
体长约 12 厘米，是身躯最大的仓鼠。拥有黄金色的毛。

黑线毛足鼠
体长约 7 厘米，背毛为褐色，背上有黑色条纹。

小毛足鼠
体长约 4.5 厘米，是身躯最小的仓鼠。背部为黄褐色，腹部为白色。

▶ 仓鼠和老鼠有何不同呢？

颊囊可储藏食物。

脸圆。

尾巴短。

无法跳跃和爬树。

仓鼠

没有储藏食物的颊囊。

脸瘦长。

尾巴长。

擅长跳跃和爬树。

老鼠

啾啾，你表演的时刻到了，快给所长行个礼吧！

呕呕

呀！

肯定很疼！

一把抓住

你是示范给我们看它咬你的过程吗？

没事吧！

好疼……

待会去打一下预防针吧。我觉得是你硬要抓它，让它感到了压力。

是我太粗鲁了吗？

我们的确可以把仓鼠捧在手心抚摸触碰它，但是必须慢慢来，这是与仓鼠变得亲近的过程。

慢慢适应环境的仓鼠

首先，把仓鼠带回家后，需要给它两周左右熟悉适应陌生环境的时间。

仓鼠适应环境后，我们就用手喂它吃东西，先用两根手指捏着食物喂。

慢慢变为三根手指，最后用五根手指，让它渐渐适应我们的手。

等它适应以后，我们把食物捧在手心……

仓鼠就会爬到手上来吃东西了？

看样子是我太想和啾啾亲近了，有点操之过急呢。

既然知道方法了，你就再尝试一下，你肯定可以的！

▶ 抚触

　　所谓抚触，指的是把小动物放到手上，与它一起玩耍。只有当动物与人变得亲近、对人放下防备后，才可能进行抚触。进行抚触前，首先要用手指喂食，然后将食物放在手心，让动物适应这个过程。如果用手指戳仓鼠，或者急切地抚触仓鼠，可能会让仓鼠感到压力作出咬人的反应。此外，仓鼠是夜行性动物，将白天正在睡觉的仓鼠叫醒进行抚触，是不可以的。

将食物放在主人手上进行喂食，使仓鼠养成习惯。

啪 啪 啪 啪

不好，啾啾又在表示抗议了！

它要是心情不好，总是咬铁栏杆，让我晚上睡都睡不着。

它是不是饿了，或者想跟你玩呢？

其实都不是，它是在磨牙啦。

仓鼠一生都在长牙，幼年时会因为长牙而引起痒的感觉，所以磨牙很严重。

咬铁栏杆的仓鼠

我以为它是在无理取闹，还骂了它呢……

再怎么样也不应该对动物显露本性吧，怪不得啾啾会有压力的。

天哪

正确的处理方法是放一点类似于手纸桶一样的东西，让它磨牙。

好开心。

啪 啪 啪

啾啾，啾啾！

巧克力，你干吗呢？你离它远一点儿。这样紧紧贴着啾啾，它会害怕的。

呆呆地望着

它刚刚和我说话了，啾啾说它想洗澡！

什么？你和啾啾说话了？

这也要大惊小怪吗？我都能和人类说话，和动物就更不用说了！

但是它总咬我，我根本没法给它洗澡呢。

这你就有所不知了，要给仓鼠洗澡的话，只要在窝里放些沙子就行了。

沙子？洗澡难道不是用水吗？

滚来

滚去

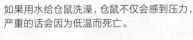

如果用水给仓鼠洗澡，仓鼠不仅会感到压力，严重的话会因为低温而死亡。

哎哟，那我还得感谢它咬我呢！

啾啾生活必需的几样东西，这里都没有呢。

都需要些什么东西呀？请告诉我。

▶ 装扮仓鼠的小窝

为了让仓鼠健康成长，我们要给仓鼠营造适合生存的环境，这一点十分重要。最近，让仓鼠的小窝变得丰富多彩的用品也越来越多了，让我们一起来看看吧。

藏身处
感到冷的时候可以睡觉的地方。

笼
由于仓鼠会磨牙，比起用木头或铁栏杆做成的笼子，塑料箱子会更适合。

宠物用饮水器
能够让仓鼠喝到适量的水。

转轮
能够让仓鼠随心所欲地奔跑，消除压力，防止肥胖。

饲料
喂仓鼠吃专门的饲料，避免喂食其他刺激性的食物。

饲料碗
必须一直维持碗的清洁。

木糠
感到冷的时候，仓鼠可以利用木糠使身体暖和。一周左右换一次。

浴池
在浴池里装上满满的沙子。

每天分早饭、午饭、晚饭三顿准备饲料，饮水器按照夏天一天一次、冬天一天两次的频率换水。

如果吃的东西脏，

就会拉肚子？

仓鼠的小窝应当避开直射光线，选在阴暗或通风的凉爽处。

仓鼠也是爱干净的动物，喜欢干净的环境。这一点不要忘记。

舔 舔

我要把今天学到的知识写下来，告诉其他养仓鼠的朋友们。

很好。

▶ 仓鼠有趣的习性

　　仓鼠的两颊可以装上满满的食物。这是源于在野生环境中仓鼠冬眠的习性。从睡梦中醒来再爬到食物的储藏地太麻烦，仓鼠就把食物尽可能多地储存在嘴里入眠。金丝熊两边的颊囊一次性可以装四十颗葵花子。

吃食前扁扁的两颊。

被食物装满的两颊。

爬来爬去的小家伙们，爬行类动物

这些动物好特别呀！

是爬行类动物。最近几年，选择爬行类动物为宠物的人很多。

爬行类动物中，人们主要养蛇，蜥蜴，变色龙，鬣蜥，龟之类的动物。

鬣蜥

蜥蜴

蛇

变色龙

龟

不管怎么看，都觉得很可怕呢。真不知道那些人在想什么呢？

不管是小狗还是爬行类动物，人们都可以把心交给它们，这才是宠物的价值，不是吗？

没想到这些爬行类动物也来和我争宠！

我看它们也没有那么恐怖呀！我倒是想养养看……

你没事吧！

哈哈……我只是开个玩笑而已啦！

据说爬行类动物有毒，我才不会拿自己的生命开玩笑的。

啊！有毒？

并不是所有爬行类动物都是有毒的。不管把什么动物当作宠物，我们都应当先了解这个动物的特性。

那我们这次来了解一下爬行类动物吧？

好的！

欸，总感觉怪怪的。

我也是……

老板，您好。

欢迎光临。

我们能观赏一下这里的爬行类动物吗？

别过来，是蜥蜴！

冷不丁

沙 沙 沙

这叫作鬃狮蜥，是蜥蜴的一种。

哇，它没毒吧，我可以摸一下吗？

其实它还是挺乖的嘛！

真的吗？

柔软 柔软

它在看我！

现在不怕蜥蜴了吧？

看习惯了也觉得挺可爱的呢。

看上去的确挺可爱的……饲养起来不难吧？

看你挺有爱心的，不难的。

比起鬣蜥或者变色龙，蜥蜴更容易饲养，很多初试者都会选择蜥蜴作为宠物。

▶ 宠物爬行类动物的种类

鬃狮蜥
蜥蜴的一种，白天活动。头大，颈部有大的褶皱。杂食性动物，主要吃蟋蟀、小南瓜、黄瓜、胡萝卜和饲料等。

鬣蜥
长相与恐龙相似，很有人气。最高可达2米。白天活动，在爬行类动物中智商较高，很听主人话。草食性动物，主要吃蔬菜。

变色龙
脚趾分叉为二个，抓住树枝后可上树。有两个特征，一为伸长舌头捕捉猎物，二为根据环境的不同变化颜色。

龟
根据品种的不同，它们在食物和寿命等方面略有不同，相对其他爬行类动物而言，饲养龟较容易。但是，肉食性龟有攻击性，饲养草食性龟比较合适。

这个灯挂在这里是干什么的呢？

这是在给鬣蜥治疗。

治疗什么？

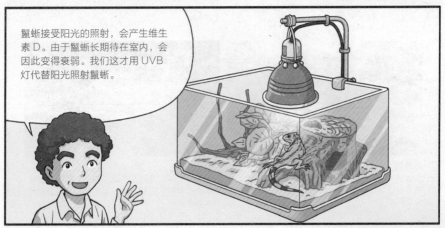

鬣蜥接受阳光的照射，会产生维生素 D。由于鬣蜥长期待在室内，会因此变得衰弱。我们这才用 UVB 灯代替阳光照射鬣蜥。

UVB 灯是养鬣蜥的必备工具吗？

可不是吗？鬣蜥接受 UVB 灯照射后，体内将产生维生素 D，能使其骨质变坚硬，身体颜色变鲜艳，食欲也大开。

正在接受 UVB 灯照射

快看！像这样用灯照着，鬣蜥的颜色变成鲜艳的草绿色了呢。

看它身上的颜色，是我们掌握鬣蜥身体状态最简单的方法。

对哦，颜色确实变深了！

爬行类动物最大的特点，就是它们身体带有大自然的颜色。

此外，虽然鬣蜥长得挺可怕的，实际上是很温驯的草食性动物。

所以养起来很简单？还可以省下零花钱！

但是鬣蜥在成年后身躯会长得很大，所以你还是根据你的零花钱好好想一想吧，哈哈……

约20厘米

小鬣蜥

约2米

成年鬣蜥

▶ 饲养爬行类动物时用到的灯的种类

为了保证在室内生活、照不到充分的紫外线的爬行类动物的健康，必须使用 UVB 灯或加热灯。照射紫外线能够让爬行类动物维持健康的皮肤色，更能防止细菌繁殖。

UVB 灯

UVB 是紫外线的一种，有助于产生吸收钙质所必需的维生素 D。使用此灯后，爬行类动物会露出它们特有的鲜艳的皮肤色。一天照射 5~6 小时为宜。

加热灯

爬行类动物是热带动物，应当维持 28~30 摄氏度的室内温度。加热灯能够发光发热，帮助爬行类动物调节体温。应当 24 小时进行照射。

其实很多人想养爬行类动物，也会因为担心沙门氏菌感染而犹豫。

沙门氏菌？

爬行类动物的排泄物中带有沙门氏菌，这种细菌很容易会传染给人。

阿阿阿 哈 哈

▶ 爬行类动物与沙门氏菌

沙门氏菌在爬行类动物的肠道中生存，随着排泄物被排出。沙门氏菌对爬行类动物毫无影响，对人来说却是非常危险的病菌，必须注意。

感染
手直接碰到爬行类动物的粪便或被粪便污染过的物体，就会被感染。

发病
细菌在人的肠道内繁殖，引起伤寒病和食物中毒，使人腹泻、腹痛、发烧。

预防
触摸过爬行类动物后一定要洗手。免疫力较弱的人不要接触爬行类动物。

了解了这些，你们就不用太担心了。

健康的人不太容易被感染，而且触摸过爬行类动物后把手洗干净，沙门氏菌也就不会感染我们。

我们这就洗手去！

人们因为不太了解，所以很忌讳养爬行类动物。其实没有这种必要。

如果我们能够为爬行类动物营造适宜的栖息环境，它们就不会生病，能健康长大。

太棒了！

爬行类动物的种类多种多样，栖息地也丰富多彩，需要注意的事项也都不尽相同。所以如果要养爬行类动物，我们必须掌握准确的知识，这点非常重要。

我亲眼见过之后，也想养了呢！

你很自信呀！

嗯，不过得等我对它们更了解一些之后才行。

我觉得你就是三分钟热度，你到现在都不了解我。

罗云，巧克力又吃醋了，不管我们自己的宠物是什么，我们都要对它们有所了解。因为了解得越多，养得越好。

嘿嘿，你就别生气啦……

啾地亲一口

哈哈哈

高智商的鸟类，鹦鹉

接下来是国外新闻时间。印度的一只鹦鹉说出了杀害它主人的犯人的名字，引起了热议。

哇，鹦鹉能够说出犯人名字，真的假的？

我只知道鹦鹉会说话。

鹦鹉是什么样的鸟呀？新闻里说鹦鹉会说话，这是真的吗？

看样子，这次罗云又对鹦鹉产生了兴趣。

嘿嘿……我只是好奇啦！

我也很好奇。

我们研究所顶楼就有鹦鹉，要不要去看看呢？

真的吗？我们快去看看吧！

哇！

你好，你好。

它真的在说话！

在鹦鹉开口说话前，需要进行反复学习。也就是说，我们要重复同一句话，让鹦鹉熟悉起来。

你好！

101

鹦鹉记性真好，又会说话，说明它应该很聪明吧。

没错，鹦鹉智商很高，所以学过的东西不容易忘记。

鹦鹉一般能记住 20~100 个左右的词语。模仿能力最突出的灰鹦鹉能记住 100 个以上的词语。

灰鹦鹉

灰鹦鹉这么厉害呢！那么所有的鹦鹉都会说话吗？

并不是这样的。鹦鹉根据体形的大小，可以分为小型、中型和大型鹦鹉……

大型鹦鹉
体长约 1 米

中型鹦鹉
体长约 30 厘米

小型鹦鹉
体长约 18 厘米

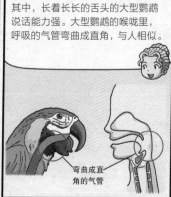

其中，长着长长的舌头的大型鹦鹉说话能力强。大型鹦鹉的喉咙里，呼吸的气管弯曲成直角，与人相似。

弯曲成直角的气管

还有，雄性鹦鹉比雌性鹦鹉更会说话，被人养大的鹦鹉比野生鹦鹉更会说话。

我们去教它说话吧！

你看看，都因为你，鹦鹉都逃跑了。

怎么可能……你见过鹦鹉看到人就跑的吗？

你刚刚说的是宠物鸟，在自然条件下生活的鸟是很怕人的。

宠物鸟是什么鸟？听起来好有意思。

宠物鸟就是从蛋中出生半个月左右，就被带出鸟窝，由人类直接喂食养大的鸟。

幼年鹦鹉吃人工食物的样子

小鸟从壳中出生，一直受母鸟照顾，这就是自然条件下生活的鸟。

这两者之中，谁更亲近人类呢？

宠物鸟被人养大，不管怎么说肯定它们和人更亲近呢。

因此，训练宠物鸟并不难。

那么，就不可能驯服自然条件下生活的鸟了吗？

当然也是能驯服的，只是需要些时间和耐心。

虽然通过训练也能够让鸟跳到手上来，但是驯服自然条件下生活的鸟不仅对初次驯鸟的人来说很难，也会给鸟本身带来很大的压力。

抛个媚眼，快到这儿来。

干吗总是叫我过去？让人压力山大！

所以自然条件下生活的鸟在鸟笼里自由生活，供人类观赏还是不错的。

▶ 宠物鸟与自然界的鸟

宠物鸟
是指人类直接喂食养大的鸟。与人类亲近，因此驯服起来很简单，还会撒娇。

又飞走了！

自然界的鸟
是指由母鸟养大的鸟。被人类抓住后，虽然让它失去了野生的本能，但是并不容易被人驯服。

▶ 鹦鹉的身体与饲养方法

全世界有 300 多种鹦鹉，从体长约 18 厘米的小型鹦鹉到体长可达 1 米的大型鹦鹉，品种丰富，羽毛华丽，多姿多彩，还能够模仿人说话。

▶ 鹦鹉的身体

喙
短而坚硬，像钩子一样向下弯曲。

眼睛
眼睛长在两边，几乎能看到 360 度的视角范围。

羽毛
定期换毛，感到压力时也会自己撕扯羽毛。

爪
两个脚爪向前，两个脚爪向后。

▶ 饲养鹦鹉的注意事项

由于鹦鹉可爱，饲养方便，已成为超具人气的宠物鸟。但是鹦鹉很容易受到周围环境的影响，必须特别注意。

适应时间	喂食	鸟笼位置
如果不给鹦鹉适应新环境的时间，鹦鹉会啄主人。对环境熟悉后就可以开始说话训练了。	一天喂食两次，勤换水桶里的水。小米之类的谷物以及青菜等，是适合饲养鹦鹉的食物。偶尔喂一些坚果类也可以。	安放在阳光不强烈、通风的客厅或阳台。鸟笼大小应当达到鹦鹉能够张开两只翅膀飞行的程度。

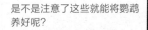
是不是注意了这些就能将鹦鹉养好呢？

对了，还要注意的是鹦鹉有咬东西的习惯。不光是纸和布，也有可能会咬电线，这样是很危险的。

啪
啪

霍地

此外，喙的力气很大，要是被大型鹦鹉咬到手，应该会非常痛吧。

哎呀，真可怕……

鹦鹉也是出了名的大嗓门，你要是让它不开心了，你会很烦躁的！

啊 啊 啊 啊 啊

我已经深深地感受到了。

换毛时，它的羽毛会到处飞，让家里的空气变差，所以你也得勤快起来，勤打扫。

此外，鸟如果感到压力，就会变得敏感，也可能因此死亡。所以我们得当心，不能让鸟感到压力。

它倒是没有压力了，我的压力山大啊！

这儿的鹦鹉看上去好有活力呢！

看起来也很健康。

看起来很难伺候的鹦鹉，其实只要细心照料，就可以让它们健康成长。

罗云啊，听到现在，你对鹦鹉的好奇都解开了吧？

是的，我觉得养鸟还是很有挑战的，有机会也要去尝试一下！

哈哈……巧克力又在嘀咕啥呢？

我看你也就说说，都不知道珍惜眼前"狗"！

农场三剑客

见到各种各样的宠物，有什么心得体会呀？

我懂得了要将宠物养好，需要多了解它们。

哦！罗云，你有这样的觉悟不错嘛！

你什么意思？这是我原来就有的想法好吗。

除了这些家里养的宠物，还有很多对人们有帮助的动物。

您是指的家畜吗？

家畜？

就是像牛、猪这些在家里养的动物。

啊，原来是这些啊。

人们在很久很久以前就开始为了各种目的在家饲养动物。

古代埃及洞窟留下的家畜画

人们让动物帮忙干农活儿，还可以从它们身上获得肉、蛋或者皮革。

让它们看家，或者用它们代步。

要不要亲自去看看有哪些家畜？

要！

▶ 家畜的历史

　　旧石器时代的洞窟壁画展现了和人一起打猎的狗、耕地的黄牛等家畜，它们和人一起和谐相处。根据社会学研究，2万年前，地球的气候变化使得中东地区变得非常干燥，人们很难通过打猎获得肉食，于是人们开始把温驯的、繁殖能力强的动物作为家畜来养。最开始变成家畜的是狗，然后是山羊、羊、猪、牛、马等动物。

狗	山羊、羊、猪	牛	马	美洲驼	骆驼
12000年前	8000~9000年前	6000年前	4000年前	3500年前	2500年前

哇，这就是我心目中的大草原吗？

玉珠子带我们来农场了。

在这儿可以看到很多对人类有帮助的动物。你们要仔细寻找！

那儿有牛。

哞哞

对，在很久以前牛就是很重要的家畜。

我们都知道。

牛给我们提供了牛奶和肉。

嗯，还可以耕田和搬运货物。

说得很对。不仅如此，牛在宗教和文化方面也很重要。比如西班牙的斗牛文化就很有名。

印度还把牛看成神圣的动物来膜拜呢。

西班牙的斗牛比赛

印度的印度教

 牛的用途

地球上约栖息着14亿头牛，它们的用途非常广，是农户非常珍视的家畜。

肉和牛奶
提供牛肉、牛犊肉和乳制品。

角和皮
角可以做成工艺品或武器，皮可以用来做衣服或饰品等。

劳动力
在干农活时提供必要的力量。

蹄子
蹄子的成分可以做成动物胶，也可以用来加工成食品和药品等。

排泄物
在化石燃料稀少的地方，晾干它可以当柴火使用。

牛的名字有好几种叫法。

公的叫公牛，母的叫母牛。

公牛　母牛

小牛不分公母，都叫牛犊。

哎哟，好可爱啊。

母牛一般1年生1头小牛，小牛出生后2小时内就可以自己站起来吃奶了。

哇！

吱　吱

经过约10个月的怀胎时间，生下1头小牛。

小牛生出来2小时后自己站起来。

自己去找母牛吃奶。

牛还可以根据用途分为耕牛、奶牛和多功能牛。

牛奶

耕牛
帮忙干活的牛

奶牛
产牛奶的牛

多功能牛
可以同时获得牛奶和肉的牛

其中荷斯坦品种的牛产奶量最高，所以此品种奶牛占据了我国奶牛整体的大部分。

代表性奶牛——荷斯坦奶牛

哈哈……牛的品种中也有我知道的。

是什么？

韩牛。

没错，韩牛是韩国饲养的传统品种，是为了使唤它干农活才养的。

现在主要用机器来干农活。但韩牛力大，肉质鲜美，更受人们欢迎。

对，我妈说韩牛最好吃了。

韩国具有代表性的牛——韩牛

▶ 牛的品种

根据牛的体格、毛的颜色和生产能力等可以把牛分成很多品种，通过改良还可以增加新的品种。

瑞士褐牛
原产于瑞士，性格温驯，耳朵大。产奶量仅次于荷斯坦品种的奶牛，也可以用作肉牛和耕牛。

格恩西奶牛
原产于英国格恩西岛，特征是奶头的颜色有点深。毛的颜色呈现为红色，上面有显眼的白色斑点。

韩牛
韩国固有品种的牛，具有泛黄的褐色毛。因其健壮的体格被作为代表性的耕牛，也因其是肉牛而闻名。

113

欸，是猪。

它们身上好脏！

……

可不要小瞧它们，智力检测结果显示，猪可是家畜中最聪明的。

咦？比狗还聪明吗？

这样说可能有点对不起巧克力，但是确实如此。猪能清楚地区分睡觉和大便的地方，是很爱干净的动物呢。

不管生活的地方有多窄，我们身体上绝对不会沾上污物。

可是它浑身是泥呢。

这是为了散发身上的热量。

猪身上的汗腺不是很发达，所以在泥水里打滚，是为了把身上的热量散发出来。

这个和巧克力热的时候把舌头伸出来是一个道理呢。

正在进行泥土浴的猪

114

猪的优点很多。它是什么都吃的杂食性动物，而且非常有母性。

不仅如此，猪的基因排列和人的大体相似，因此成为各种医学实验的对象，给人类研究带来很大帮助呢。

猪的基因排列和人的相似？我需要点时间接受这个事实。

没错，最近用到猪的克隆器官移植研究正在进行。

可以移植到人体的猪的器官
①皮肤 ②肾脏 ③胰脏
④肝 ⑤心脏

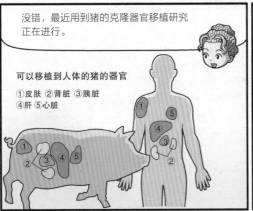

猪的胰岛素和人的相似，所以对糖尿病患者也有帮助。

生的崽也多，1年2次，1次可以生下16~24头幼崽。

繁殖能力出色的猪

给我们带来肉已经很感谢了，还可以用作医学实验呀……猪，你们太给力了！

噜 噜噜

除了作为家畜的猪，还有野猪。

家猪是由野猪改良而来的。

在野外栖息的野猪

嘈嘈

人们只是为了我们的肉才饲养我们，这不公平！

家猪与野猪

猪被人驯化是在 8000—9000 年前。家猪和野猪相比有多大的不同呢？

家猪
受到人们的保护，不必抵御敌人的攻击，犬齿退化，被人们驯化后变成了杂食性动物。

野猪
有露出嘴外的长长的犬齿，用犬齿吃山里和田野里生长的树的果实和植物的根或茎。

VS

但是能吃的本性不管是对于家猪还是野猪都是一样的。

果然在吃方面还是猪最棒！

哈哈哒
呼啦啦

哇,好多鸡!

咯咯
咯咯哒

鸡也是鸟,为什么不飞走呢?

以前在野外生活的时候,为了避开敌人,鸡是会飞的。

但是成为家禽后,没有必要再躲避敌人,所以翅膀的功能退化,就不能飞了。

没有了自由飞翔的翅膀,我们有壮实的腿。

鸡从什么时候开始变成家禽的?

有记录说,大约4000年前,人们开始把野鸡驯化成家禽,所以鸡算是鸟当中最早成为家禽的。

4000年前真遥远啊!

沉思

人们真的从很久以前就开始吃鸡肉了呀!

吼吼

鸡在喝水的时候经常看着天是为什么呢？

鸡一边含着水一边看着天是因为它没有吞咽水的能力。

所以抬起头，让水流到下面去。

不只是鸡，大部分的鸟都没有吞咽能力。

鸡有个消化器官叫砂囊，当它吞咽坚硬的食物时，食物被砂囊里的沙子或碎石搅拌捣碎。

食道

嗉子

砂囊

主要是因为没有牙齿；嘴巴无法嚼碎的食物，才用砂囊来消化。

那么砂囊就起到了牙齿的作用呢。

▶成为家禽的鸡

大约在 4000 年前，缅甸、马来西亚、印度等地为了吃到鸡肉和鸡蛋，开始把鸡当家禽来养。鸡肉和鸡蛋的蛋白质很丰富，是人类重要的食物，现在全世界饲养的鸡在 200 亿只以上。鸡虽然有翅膀，却飞不了，这是因为鸡成为家禽后不需要自己去找食物，翅膀的肌肉退化了。但是，野生的鸡可以跳得很高，也可以在空中停留一段时间。

养了很多只鸡的养鸡场。

什么声音?

巧克力! 你干吗去?

咯咯咯咯咯咯

鸡生气起来好可怕!

嗷

活该! 平时给你吃的时候挑三拣四的。

巧克力从刚才开始就一直盯着鸡蛋呢。

▶ 公鸡与母鸡的差异

小鸡从蛋里孵化出来,过5个月,就能明显区别雌雄了。雌雄差异很大,是公还是母一眼就能看出来。

鸡冠比母鸡大而红。

羽毛颜色华丽。

尾巴羽毛长而弯。

公鸡

比公鸡小,颜色也相对较浅。

尾巴羽毛短。

羽毛颜色素淡。

母鸡

飞驰的马儿和倔强的驴

我们又穿越了。这儿是哪儿呀？

我们穿越到很久以前了，这儿大概是史前时代吧？

史前时代？会不会很危险？

在那儿！快追！

啥？不是在追我们吧？

不是啦，我们来到了原始人的狩猎场景中。

哇啊啊

他们怎么在攻击马！

咴儿咴儿

马不是用来骑的吗？

▶ 史前时代的洞穴壁画上呈现出马的样子

很久很久以前，马是什么样子的呢？法国的一个洞穴保留着现存最悠久的洞穴壁画，那儿记录有史前时代马的图案。该壁画是30000年前画的，当时的马看起来和现在的样貌相似。看到这些马奔腾的样子，就可以确认马一直都有奔跑的习性。

蓬达尔克彩绘洞穴是被指定为世界文化遗产的壁画，除了马之外，还保留有野牛、猫头鹰等动物的模样。

人类最开始狩猎马是为了吃它的肉。

到了青铜器时代，人们就开始建牧场养马。

随后马的用途越来越广，可以上战场参与作战。

《弗里德兰战役》1870 年，让路易·欧内斯特·梅索尼埃

也开始用来拉车或拉货物。

拖着行李的马

除了刚刚说的，马没有其他用途了吗？

从前美国西部的牛仔们喜欢骑马奔走在广阔的草地驱赶牛群。

在这么广阔的草地上牧牛羊，必须用到马，不然累死！

放牛的牛仔

另外，饲养马也可以进行骑马比赛！

奔腾的赛马

人们似乎最看重马擅长奔跑的能力，我听说以前还利用马送信。

是的。

哇，跑得真快。

驾！

嗒嗒嗒

帅呆了！

马怎么能跑得这么快呢？

其实马也不是一开始就擅长奔跑的。

马是很温驯的动物，所以周围存在很多攻击它的敌人。

所以它经常巡视着周围，一旦发现有敌人，就使出全身力气逃跑，所以渐渐变得擅长奔跑了。

呼 味 呼 味

咴儿 咴儿

这是为了生存而进化吧。

马腿坚实的肌肉可以使马跑得很快，马蹄则缓解了奔跑时的冲击。

马蹄掌上形成厚厚的角质层

马足够大的肺和心脏为其奔跑提供充足的氧气。马的心脏足足有人心脏的17倍那么大。

我擅长奔跑的原因除了腿部肌肉坚实，还有我的心脏大而发达。

124

◉ 马的身体和品种

　　马具有适合奔跑的身体构造，1 小时能跑约 80 千米，但是并不是所有马都能跑得那么快。

▶ 马的身体

耳朵
耳朵周围约有 16 块发达的肌肉，耳朵可以 180 度转动。

眼睛
两边眼睛的视野范围宽达 350 度，不回头也能看到后面。

后腿
臀部和大腿部位的肌肉力量大，可以很快调动这部分的肌肉，为奔跑提供力量。

鼻
嗅觉发达，可以通过气味区分母马、公马和熟悉的人。

马蹄
马快速奔跑时要承受马自身重量的 10~15 倍的冲击，因此马蹄能起到关键作用。

前腿
承受沉重的体重，吸收冲击，马在奔跑和踢人的时候起到支撑身体的作用。

▶ 马的品种

法拉贝拉
原产地阿根廷，是最小的矮种马，高约 75 厘米，具有社交性，通人性。

夏尔马
原产地英国，是代表性的马车用马，高约 170 厘米，性格温驯。

纯血马
原产地英国，是最有代表性的赛马品种，高约 160 厘米，性格大胆、好动。

如果马遇到危险的情况就会飞快逃走，它们觉得逃走才是保护自己唯一的方法。好了，我们穿越到其他地方看看吧。

原来如此。

▶ 马的习性

马是温驯的动物，不会做出伤害人的行为，但是为了达到驯养的目的，我们应该要了解马的习性。

① 成群结队地生活。
一般1头公马当头儿，率领20~25头母马成群结队地生活。

② 排辈分。
能够互相交流沟通，有两头以上马的时候，一定会排辈分，形成一个有序的社会。

③ 回家。
和其他的动物一样，马也有回到自己住的地方的习性。即使是在数万米以外，马也能回到自己的家。

④ 容易害怕。
容易受惊和害怕。马具有敏感的感官和发达的腿部肌肉，遇到危险的情况时，比起打架，更倾向于用逃跑的方式来保护自己。

那儿好像有人。

过去看看吧。

驾！

还不快走！

可恶！这么任性，看来今天不给你点颜色你是不会走的！

不要！

慢点，小家伙们！

住手！

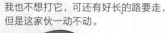

我也不想打它，可还有好长的路要走，但是这家伙一动不动。

驴子有个习性：遇到一点点危险，就会止步不前的。

嗯？

所以不要走这边的路，走其他路试试吧。

嗯，那走其他路试试看。

哎呀，现在终于走了。

哈哈哈

再见！走好。

谢谢你们。

遇到危险就不走，看来驴子胆子很小。

是的，它们和马一样很温驯，也很容易受惊和害怕。

不过如果好好照顾它的话，它会很听主人的话。

如果勉强让它干活的话，它会一动不动。

我不管啦，我再也不走了！

躺着一动不动的驴子

但是它不是任何时候都会固执的动物，其实其优点很多。比如，它不易得病，力气也大，还很勤劳。另外，在寒冷的地方和石头多的险峻之地也能快速适应。

我们在恶劣的环境也能过得很好！

所以从很久以前它就被作为家畜来养了。

我们原来是生活在亚洲和非洲的野生动物。

特别是对于山岳地带和高山地带的人们而言，驴子是非常重要的家畜。

在高山地带背着行李的驴子

你们知道骡子是什么吗？

是不是驴子的亲戚呀！它们长得很像！

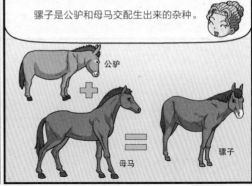

骡子是公驴和母马交配生出来的杂种。

公驴

母马

骡子

骡子什么食物都吃，身体很结实，所以被用来干农活或搬运行李。

哇，我也好想要一头骡子。

我也是。

到时候骡子有幼崽了送我一个吧！

那恐怕不行了，骡子不会有幼崽的。

因为骡子遗传了公驴和母马中不同的染色体，生殖能力并不发达。

欸，我的计划岂不是泡汤了。

世界各地的英雄

请问您这是要去哪里呢？

刚刚做完了生意想回去，要经过这广阔的戈壁滩。

这家伙没好好吃东西，驼峰都变小了。

那它会饿吗？

干瘪

不用太担心，只要给它补充水和食物，它又会变回原样的。

但是你们不是还要走很久吗？

看，它背上不是还有峰吗！

骆驼在旅途前会吃得饱饱的，并且把大部分食物转化为脂肪储存在驼峰里。

不管是青草还是干草，我都爱吃。

所以就算几天不吃东西，也能靠驼峰里储藏的脂肪活下来。

由脂肪块构成的驼峰

而且骆驼的脚由厚厚的脂肪层构成，这是为了不陷入沙地和不让热沙子直接接触到皮肤。

适合走炎热的沙漠的骆驼脚

鼻孔可以自动张开和闭合，防止沙子从鼻子进入。

即使遇到沙尘暴，两层长睫毛也可以防止沙子进入眼睛。

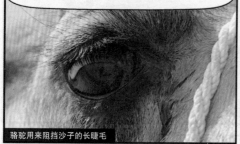

骆驼用来阻挡沙子的长睫毛

像我们这种要穿越沙漠的人，骆驼是最好的家畜。

▶ 骆驼的种类

单峰驼

主要栖息于北非和中东、阿拉伯等地，身体呈浅褐色、灰色或白色等。腿长，背上有一个峰，毛短，适合人们骑着穿越沙漠或者搬运行李。

双峰驼

主要栖息于中亚和蒙古，四条腿粗短，背上有两个峰，褐色毛又长又密。双峰驼耐寒又耐渴，还可以帮助住在沙漠里的人干农活。

现在我该走了，很高兴认识你们，你们小心。

好的，再见！

如果没有骆驼的话，在沙漠上行走是件非常困难的事。

原来家畜对人类的作用这么大呢？

你们真厉害！

▶ 骆驼的用途

从前要穿越沙漠，必须要有骆驼的帮助，但是如今主要靠汽车一类的交通工具。不过，骆驼对于人们而言仍然是非常重要的家畜。

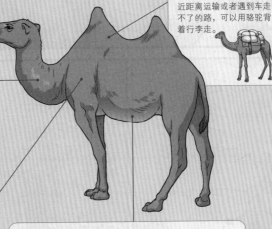

用骆驼的毛做成特别的衣服
沙漠的白天非常酷热，晚上又非常冷。手感毛糙的骆驼毛可以抵挡热气和寒冷。因此用骆驼毛做成的帐篷、衣服和绳子等很受欢迎。

搬运行李
近距离运输或者遇到车走不了的路，可以用骆驼背着行李走。

用骆驼的皮做鞋子和包
骆驼的皮很柔韧，做成鞋子和包可以用很久。

用骆驼奶制成奶酪、黄油、酸奶等食品
骆驼奶没有牛奶咸，而且维生素含量丰富，可以用来制作多种乳制品。

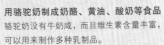

这里又是哪儿啊？

这儿是智利的山岳地带。

有些神秘的动物只能在南美洲的山岳地带才能看到哦。

这是什么？

哈哈，长相真奇怪。

哎呀，好难闻的味道！一定有毒，有毒……

冷静点，巧克力。

可恶！

哼

咻咻

看来巧克力的嘲讽让美洲驼生气了呢。

看它还挺温驯的呢，怎么如此粗鲁？

虽说如此，但在生气或者遇到攻击时，美洲驼会吐出很臭的口水。

谁让你去取笑别人了，认倒霉吧。

切，这些家伙性格也一样臭。

▶ 南美洲的家畜——美洲驼

美洲驼属于家畜，不存在野生品种，主要在玻利维亚、秘鲁、厄瓜多尔、智利和阿根廷等地的山岳地带饲养生活。虽然属于骆驼科，但是没有峰，腿和脖子细，头小，有大耳朵，毛色是由褐色和黑色组成的不规则的混合色。它以吐口水闻名，这是在驼群里向辈分低的美洲驼示威的行为。

生气时吐口水或者一动不动的美洲驼。

美洲驼力气大，壮实，而且能很久不喝水。

为了适应高海拔，我们的心脏比个头差不多大小的其他动物大1/2。

而且它什么植物都吃，对于想翻越安第斯山脉等险峻山岳地带的人们而言是非常重要的家畜。

在车辆难以行驶的高山地带搬运货物的美洲驼

什么植物都吃呀，那也太好养了！

据说公美洲驼在海拔5000米的高地背着重达90千克的货物，1天大约能走26千米。

哇！

看来在山岳地带搬运货物时它是必不可少的。

此外，美洲驼还有很多用途。

肉和奶可以当食物，毛可以制作衣服，排泄物晒干了可以当燃料，所以它全身都是宝。

虽说如此，它还是个任性的家伙，稍有不顺心，就会鬼哭狼嚎。

嗷嗷嗷嗷

如果人们让它干太累的活儿，它就会躺下一动不动。

爱谁干谁干！

我能理解你！和不懂你的主人一起生活很辛苦吧？

说得没错！

哈哈哈！

你说什么？

▶ 美洲驼，羊驼，骆马的差异

美洲驼
高约120厘米，体重超过100千克。比羊驼的嘴长，毛很糙。平时有翘尾巴的习惯。

羊驼
高约90厘米，体重55千克～65千克。个头矮，它和美洲驼的明显区别是，身体浑圆。

骆马
高约80厘米，体重35千克～65千克。身体和腿的毛色不同，身材苗条，是唯一不属于家畜的野生品种。

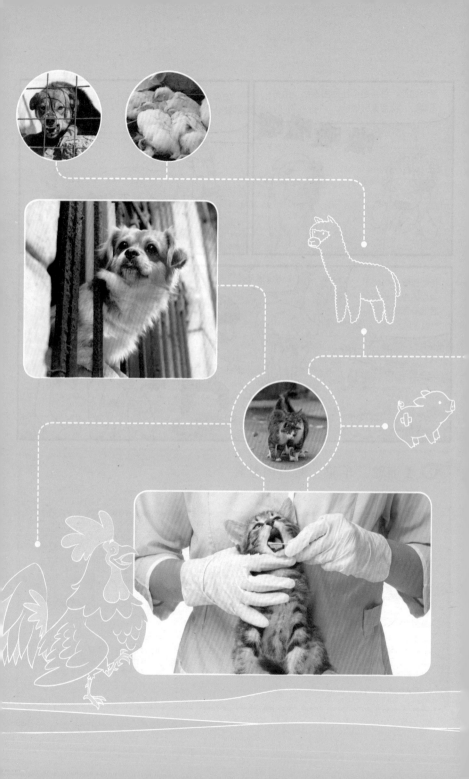

04

永远的朋友

　　随着和宠物一起生活的人越来越多，产生了一系列社会问题。为了贩卖小狗，人们让狗没有节制地交配和分娩。到了假期，遭到抛弃的动物也随之增多。该如何减少宠物带来的社会问题和保护它们呢？

我是友好"公民"

看你这么高兴，手里拿的是什么呀？

巧克力的动物身份证！

是的！是的！

动物身份证？

从2014年开始，狗也有身份证了。

注册之后，除了会发动物身份证，还会发识别项链，外出的时候一定要给动物戴上。

动物身份证

为了可以顺利找到走失的小狗，所有关于注册动物的信息都会注册到动物保护管理系统。

哦，那巧克力万一走失的话也可以很快找到了。

▶ 动物身份证

　　韩国从 2014 年才开始给动物办身份证，这项政策在其他一些国家很久以前就开始实施了。为了更方便地保护宠物的权利和帮助走丢或遭抛弃的可怜宠物，出生 3 个月以上的宠物必须进行动物注册。进行了动物注册之后，如果宠物走丢了，通过其体内的微芯片（无线电子个体识别装置）或外置微芯片项链，印有动物注册号码的项链等可以很容易找回来。让我们一起看看注册方法吧。

动物身份证
登录号码
所有者　　　联系方式
地址
动物名　　　品种
毛色　　　　出生年月
性别　　　　中性化
根据《动物保护法》第 12 条第 1 项和同法施行规定第 8 条第 2 项、第 9 条第 3 项证明如上注册。
　　　　年　　月　　日

Sun&Fun
Haendae

主人　　　　　　动物医院　　　　　　区政府

宠物出生后超过 3 个月，带着宠物一起去医院填写身份证申请书。

动物医院通过手术在其体内植入微芯片，或者选择微芯片项链与印有动物注册号码的项链其中的一个戴上。

动物身份证
身份证号码：
000
所有者：罗云
☎ 000-0000

身份证申请书、主人的姓名和联系方式等写下来之后，就能拿到印有宠物名字和注册号码的身份证了。

143

拒绝浪费，有环保意识的美食家

污染问题太严重了，都是燃烧化石燃料引起的。

我以为煤炭和石油只是全球气候变暖的原因。

▶ 什么是化石燃料？

地质时代埋在土里的生物经过漫长的岁月慢慢变硬，最终成为了燃料，这种燃料就是化石燃料。人类现在正在使用的煤炭、石油、天然气等能源大部分都是化石燃料。化石燃料不仅会污染环境，而且也面临着枯竭的危机。虽然现在也有风力、水力、潮汐等能源，但是利用效率不高，人们正在不停地探索新的替代能源。

真希望能快一点找到替代化石燃料的新能源。

你们难道忘了微生物可以用来生产替代能源吗？

博士您貌似只是简单提了一句吧！

在外面的时候，如果狗要上大号，

呃，我想拉粑粑。

马上用预先准备好的塑料袋或报纸、卫生纸等把排泄物处理好。

别担心，我都弄好了。

▶ 宠物狗外出礼仪

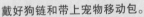

不舒服的时候在家休息。

　　不带生病的宠物狗去散步。比起勉强活动，让它在家休息对病情恢复更有帮助。拉肚子或者呕吐的狗有可能把病传染给其他宠物。对于有可能将疾病传染给其他狗的宠物狗，一定不要忘记打预防针。

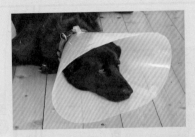

戴好狗链和带上宠物移动包。

　　因为不戴狗链惨遭交通事故或走丢的宠物狗很多，所以走陌生的道路或者去人多的地方时一定要为其戴好狗链。体形大的狗在屋外最好随时戴好口罩。体形小的狗则准备好宠物移动包，以保护宠物狗的安全。

准备好清理排泄物的工具。

　　如果宠物狗在外面大便，为了不给路过的人们带来不快，应该马上清理干净。为此，最好准备清理排泄物时必要的塑料袋、报纸、镊子、卫生纸等东西。狗乘公交车有可能会严重晕车，导致流口水或者呕吐，这时候也应用预先准备好的工具把分泌物擦干净。

可怜的流浪者

我们干吗来这里呀?

遗弃动物保护所

这是和你们一起参观学习的最后一个地方。

这是保护无家可归的狗的地方。

嘎吱

您好,玉所长。

您好。

好久不见了。

是呀。今天想带两位小朋友来这里观摩一下。

笼子里有条狗！

这是您养的狗吗？

不是，接到在路边发现遗弃犬的申报，去带回来的。

这狗被带到这里会怎么样？

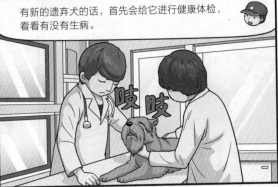

有新的遗弃犬的话，首先会给它进行健康体检，看看有没有生病。

找出植入体内的芯片或识别项链，确认一下小狗的信息。

微芯片　　身份证号码

如果没有信息，就把狗的信息上传到动物保护中心或遗弃犬中心主页，公布有新来的遗弃犬需要认领。

要不要到安置遗弃犬的地方看看？它们肯定会很高兴的。

味哼

味哼

哗哗

这些都是遗弃犬吗？

怎么有这么多？好可怜！

遗弃犬1年约有9万条，加上没有申报的数量，大概还会增加2倍。

那就是接近20万条。

倒吸口凉气

为什么会有遗弃犬呢？

而且还这么多！

遗弃犬，正如其名，就是被抛弃的狗。

虽然偶尔也会有走丢的宠物狗，但是大部分还是人们将自己的宠物狗丢弃所致。

把一起生活的狗丢弃吗？

为什么？

各种各样的理由都有，其中因为生病被丢弃的狗也很多。

还有训练不成功而遭抛弃的。

还有的是养着养着厌烦了，就被抛弃的。

哼味

咣当

怎么能因为厌烦就抛弃宠物狗……

真不像话！

喜欢的时候就养着，不喜欢了就丢弃吗？

我肯定不会这样做！

是啊，人们随意对待和丢弃动物是因为缺乏对生命负责的意识，希望人们能早点明白这个道理。

149

这条狗是3周前进来这里的，再过1周如果没有主人来认领或者没有被其他人领养的话就会被处以安乐死。

什么？

汪汪

吓一跳

还很健康，居然处以安乐死，太过分了！为什么！

不只是这条狗，这是保护所里的遗弃犬都有可能要经受的事。

哽咽

因为保护遗弃犬的地方十分不足，保护遗弃犬的费用和人力也相当有限。

在这个地方只能保护遗弃犬1个月。在这期间，如果没有定下狗要去的地方，我们也只能让它安乐死。

哼咻

1个月！时间太短了！

在遗弃犬保护中心不足的地方，很多保护期最多只有10天。

遗弃犬越来越多了，这也是没有办法的事。

但是在1个月内被领养可不是件容易的事呀。

如果保护遗弃犬有困难，放了它们不行吗？

就是，就让它们在路边生存不就好了。

动物被遗弃之后，为了保护自身，野生本能会恢复。如此一来，就很难管制，也很有可能伤害到行人。

汪 汪 汪

而且遗弃犬生病得不到及时治疗的话，有可能把病传染给其他狗或者人。

没有中性化的遗弃犬一旦过度繁殖，遗弃犬的数量就会越来越多。

那岂不是没有办法救它们了？

怎么突然冒出来这么多问题啊。

虽然很令人难过和伤心，但是我们还是得顾全大局。其实主要原因还是人们缺乏爱心。

这条狗受到严重虐待，后来被搭救才来到这里。

这条狗头部严重受伤。虽然有动物保护法，但人们把动物看成自己的所有物，实际上很难对他们进行处分。

要对人们处以比现在更严厉的惩罚才能减少动物虐待。

一个劲点头

▶ 处罚虐待动物行为的动物保护法

　　为了尊重动物的生命，保护它们的安全，韩国动物保护法从2014年开始实施。动物虐待的处罚针对以下几种情况，残忍地杀死动物、伤害活着的动物、明知是被遗弃的动物仍然进行买卖等。若违反了动物保护法，要处以1年以下的刑罚或交6万元以下的罚款。还有些如用动物实验、用动物的毛皮制作衣服等行为，虽然没有写进法律里，但是有人主张把这些行为也视为动物虐待。

为了保护动物，反对使用毛皮开展的运动。

与宠物一起生活的方法

谢谢您，希望这里的狗都能遇到好的主人。

这也是我们这里所有人的希望。

闷闷不乐

巧克力，你还好吧？

好像一点精神都没有。

看到遗弃犬保护所里的伙伴们觉得心里好难过。

呜呜

巧克力，别担心。我会对你负责，好好保护你的。还有，我会努力让其他动物也能幸福地生活下去。

我也一样。

真是难能可贵。甘地说过，如果想知道一个国家的道德性，看那个国家对待动物的方式就知道了，希望你们保持下去。

如果一个社会尊重不会说话的弱小动物，在对待人的时候也应该会做到彼此尊重。

点头

说得对。

首先我会对我养的巧克力负责一辈子！

我以后要好好照顾流浪猫或者其他动物。

嗯，你们真好！

真是好想法。

我这次的任务也圆满完成了，该走了。很高兴认识你们。

什么？所长你要去哪里？

我要和玉珠子一起去寻找下一批孩子了。

闪

闪

嗖

嗖

嗖

啊，所长！不要走！

消失了。

心里好舍不得!

咦?巧克力变回正常状态了。

汪汪!

现在听不懂巧克力的话了。

汪汪!

嗯,但是没关系。我知道你要说什么。

多亏巧克力,让我学到了很多东西。谢谢你,巧克力。

呼一下

哎呀,巧克力!很痒……

一个劲儿地舔

哈哈

虽然不能像人一样说话,但是他们比以前更心意相通了,加油!

哈

图书在版编目（CIP）数据

宠物奇遇记/美国大英百科全书公司，波波讲故事编著；刘永升绘；俞治译.—长沙：湖南少年儿童出版社，2018.4
（大英儿童漫画百科）
ISBN 978-7-5562-2083-0

Ⅰ.①宠… Ⅱ.①美… ②波… ③刘… ④俞… Ⅲ.①宠物–儿童读物 Ⅳ.① S865.3-49

中国版本图书馆 CIP 数据核字（2018）第 055577 号

大英儿童漫画百科·宠物奇遇记
DAYING ERTONG MANHUA BAIKE·CHONGWU QIYU JI

策划编辑：周　霞　　责任编辑：周　霞　　万　伦
质量总监：阳　梅　　封面插图：赵容浩　　封面设计：陈姗姗

出版人：胡　坚
出版发行：湖南少年儿童出版社
地址：湖南长沙市晚报大道89号　　邮编：410016
电话：0731—82196340（销售部）82196313（总编室）
传真：0731—82199308（销售部）82196330（综合管理部）

经销：新华书店
常年法律顾问：北京长安律师事务所长沙分所　张晓军律师
印制：湖南立信彩印有限公司
开本：889 mm×1194 mm　1/32　印张：5.125
版次：2018 年 4 月第 1 版
印次：2018 年 4 月第 1 次印刷
定价：19.80元